Neuorientierung im Beruf

Veränderungen aktiv angehen

Birgit Gosejacob

1. Auflage

HAUFE.

Inhalt

Vorwort

Alles um uns herum befindet sich in einem ständigen Entwicklungsprozess. Veränderungen sind an der Tagesordnung. Und auch wir entwickeln uns im Lauf unseres Lebens weiter – oft in eine ganz andere Richtung, als ursprünglich geplant.

44 Prozent der Arbeitnehmer in Deutschland würden in den kommenden 12 Monaten gerne ihren Job wechseln, so eine Studie des Personaldienstleisters Manpower aus dem Jahr 2016. Gehören auch Sie dazu? Dann ist dieser TaschenGuide genau die richtige Lektüre für Sie.

In Umbruchphasen ist viel zu klären: Bleibt man in der alten Branche, im gleichen Bereich oder soll es etwas ganz Neues sein? Ist der richtige Zeitpunkt für einen Wechsel gekommen oder ist es besser, damit noch zu warten?

Dieses Büchlein unterstützt Sie nicht nur dabei, Antworten auf Fragen rund um die Umsetzung Ihres Vorhabens zu finden. Es hilft Ihnen auch, die in Ihnen schlummernden Potenziale zu entdecken. Anstatt sich für einen Weg zu entscheiden, der gerade modern und angesehen, zukunftsträchtig oder einfach nur bequem oder lukrativ ist, finden Sie so heraus, wo Ihre wahren Stärken und Leidenschaften liegen. Starten Sie Ihre ganz persönliche Entdeckungsreise!

Viel Spaß und Erfolg dabei wünscht Ihnen

Birgit Gosejacob

Sind Sie bereit für einen Neuanfang?

Weitermachen wie bisher oder doch etwas Neues wagen? Diese Frage stellt sich im Berufsleben vor allem, wenn sich unsere Lebensumstände ändern, aber auch, wenn wir merken, dass uns die Tätigkeit, die wir gerade ausüben, auf Dauer nicht zufrieden macht.

In diesem Kapitel erfahren Sie u. a.,

- dass es viele gute Gründe für einen Neubeginn gibt,
- welche wichtige Rolle die eigenen Potenziale dabei spielen,
- ob es Zeit für Sie ist, über einen Wechsel nachzudenken.

Wenn Träume wahr werden sollen

Die Zeiten, in denen Menschen nach ihrer Ausbildung oder ihrem Studium in einem Unternehmen einstiegen, um dann bis zur Rente dort zu bleiben, sind vorbei. Nach einer Studie des Instituts für Arbeitsmarkt- und Berufsforschung (IAB) wechseln in Deutschland pro Jahr etwa 3,4 Prozent der Beschäftigten den Job. Die knappe Mehrheit von 52 Prozent tut dies freiwillig. Nahezu jeder Zweite (48 Prozent) muss jedoch gezwungenermaßen seinen bisherigen Arbeitsplatz aufgeben.

Und auch die Karrieren verlaufen nicht mehr schnurgerade, wie dies früher der Fall war. Immer häufiger wechseln Berufstätige als Quereinsteiger die Branche oder üben Tätigkeiten aus, in denen sie nicht ausgebildet wurden. Die Gründe dafür sind vielfältig: Impulse von außen, wie z. B. Umstrukturierungen oder Insolvenzen von Unternehmen, führen dazu, dass sich Mitarbeiter umorientieren müssen. Es kann aber auch die eigene Entscheidung sein, die letztendlich zum Wechsel führt. Dann nämlich, wenn jemand erkennt, dass er einfach nicht am richtigen Platz ist und eigentlich immer schon etwas ganz anderes machen wollte.

Aber egal, was letztendlich der Anlass für eine Veränderung ist – in jedem dieser Fälle bietet sich die Chance, die eigene Zukunft aktiv selbst zu beeinflussen, und Ideen, die vielleicht schon lange als Traum existierten, Realität werden zu lassen.

Einfach unzufrieden ...

Es gibt Menschen, die sich voll und ganz mit ihrem Beruf identifizieren können, die jeden Tag gerne zur Arbeit gehen, weil sie ihnen Spaß macht. Sie haben nicht nur einen Beruf, sondern für sie ist ihr Beruf Berufung.

BEISPIEL

> Moritz Meier liebt seinen Job als Controller in einem großen Unternehmen. Wenn seine Freunde ihn fragen, ob ihn die Zahlenschubserei nach mittlerweile fünf Jahren immer noch nicht langweile, lacht er und sagt: »Überhaupt nicht! Ich mag es, wenn ich am Ende des Arbeitstages meinen Computer ausschalte mit dem Gefühl, dass ich Ordnung und Übersicht ins Zahlenchaos gebracht habe und noch dazu wichtige Grundlagen für Entscheidungen im Unternehmen erarbeiten konnte.«

Es gibt aber auch diejenigen, die sich schon morgens auf den Feierabend freuen, für die ihre Arbeit nur ein lästiges, aber notwendiges Mittel ist, Geld zu verdienen. Da Geld allein auf Dauer nicht glücklich macht und wir einen großen Teil unseres Lebens mit Arbeit verbringen, führt das dann über kurz oder lang zu Unzufriedenheit. Die ungeliebte Tätigkeit wird immer mehr zur Qual und nervt.

BEISPIEL

> Thomas Merkens bastelte schon als Kind leidenschaftlich gern. Und auch heute noch verschwindet er in seiner Freizeit oft stundenlang in seiner Werkstatt und widmet sich seinen Modellflugzeugen, die sein ganzer Stolz sind. Nach dem Abitur wollte er eigentlich eine Lehre als Modellbauer beginnen. Aber sein Vater überredete ihn, den aus seiner Sicht lukrativeren Berufsweg als Bankkaufmann einzuschlagen. 20 Jahre ist er nun bereits in der Bank tätig. Er merkt, dass es ihm jeden Morgen

> schwerer fällt zur Arbeit zu fahren. Am liebsten würde er sein Hobby zum Beruf machen und einen Laden für Modellbau eröffnen.

Es gibt viele Menschen, die einen Beruf ergreifen, der meilenweit von dem entfernt ist, was sie sich einst erträumt haben. Oft zwingen uns wirtschaftliche Gründe dazu, häufig sind es die Eltern, die uns – in bester Absicht – dazu raten, doch etwas Solides zu lernen. Viele Menschen arrangieren sich dann mit dem »vernünftigen« Job, machen Dienst nach Vorschrift und sehnen sich nach dem Feierabend, um das zu tun, was ihnen wirklich Spaß macht. Doch einigen ist das auf Dauer zu wenig – vor allem dann, wenn die Träume immer noch da sind. Sie würden am liebsten alles hinschmeißen, um das zu tun, was ihnen wirklich Freude bereitet.

Mit der folgenden Reflexionsübung können Sie mehr über sich und Ihre Einstellung zu Ihrem aktuellen Job erfahren. Kreuzen Sie diejenigen Aussagen an, die auf Sie zutreffen.

Reflexion zum aktuellen Berufsleben	
1.	Wenn ich nachts aufwache und an meinen derzeitigen Job denke, bin ich ruhig und zufrieden.	
2.	Ich gehe morgens (meist) gerne in die Arbeit.	
3.	Ich erledige (fast) alle Tätigkeiten, die mein Beruf mitbringt, gerne.	
4.	Die Tätigkeiten fallen mir leicht bzw. bieten mir genügend Herausforderungen.	
5.	Ich mag die meisten meiner Kollegen.	
6.	Ich komme gut mit meinem Chef zurecht.	

Reflexion zum aktuellen Berufsleben	
7.	Ich kann mich in meinem Beruf entfalten.	
8.	Ich habe eine gute Work-Life-Balance.	
9.	Gehalt, Urlaub, Sozialleistungen stimmen.	
10.	Ich kann mir vorstellen, auch noch in zwei Jahren in diesem Unternehmen zu arbeiten.	

Wie viele Aussagen konnten Sie ankreuzen? Entspricht Ihr aktueller Job wirklich dem, was Sie sich von Ihrem Berufsleben früher einmal erhofft hatten? Machen Sie das, was Sie wirklich tun wollen? Je weniger Aussagen Sie zutreffend fanden, umso mehr deutet darauf hin, dass Sie derzeit nicht besonders glücklich in Ihrem Job sind und eventuell etwas daran ändern sollten.

Wenn andere für Sie entscheiden: Kündigung & Co.

Oft sind es äußere Umstände, die Menschen dazu zwingen, über einen Neustart im Job nachzudenken. Der Klassiker solcher Gründe ist die Kündigung seitens des Arbeitgebers: Man verliert den Job, weil der Arbeitgeber insolvent ist, umstrukturiert oder mit der Arbeitsleistung nicht zufrieden ist.

Obwohl der Änderungsimpuls hier nicht von einem selbst, sondern von anderen gesetzt ist, stellt sich auch hier die Frage: Wollen Sie das, was Sie bisher getan haben, bei einem anderen Arbeitgeber fortsetzen? Oder wollen Sie Grundlegendes ändern? Jetzt haben Sie die Chance dazu!

BEISPIEL

Ein 30-jähriger Programmierer erfährt, dass seine Niederlassung bald geschlossen wird und er deswegen seinen Arbeitsplatz verliert. Es fällt ihm schwer, sich wieder als Programmierer zu bewerben, da er diesen Job zwar gut, aber nicht unbedingt mit Freude und Leidenschaft gemacht hat. Er diente ausschließlich dem Geldverdienen und erschien ihm als zukunftssicher. Erfolg und Zufriedenheit holt er sich in der Freizeit, wo er sich in zahlreichen sozialen Projekten engagiert. Der anstehende Verlust des Arbeitsplatzes eröffnet ihm die Chance, sich beruflich völlig neu zu orientieren und seine zukünftige berufliche Entwicklung basierend auf seinen individuellen Potenzialen aufzubauen. Selbst wenn er dafür in einer Übergangsphase noch die notwendigen Qualifizierungen erwerben müsste, könnte er seine Leidenschaft zu seiner Berufung machen und mit der Arbeit in sozialen Projekten erfolgreich und zufrieden sein Geld verdienen.

Wiedereinstieg nach einer Auszeit

Ob Babypause, längere Krankheit oder Sabbatical – im Berufsleben sind immer mal wieder mehr oder minder freiwillige Auszeiten möglich. In solchen Phasen, in denen man den aktuellen Job mit mehr Abstand und aus einem anderen Blickwinkel sieht, kommt man oft ins Grübeln: Passt der alte Job noch zu mir? Kann ich ihn so, wie ich ihn vor der Pause ausgeübt habe, noch weiterhin ausüben? Möchte ich überhaupt so weitermachen?

BEISPIELE

Anna Müller hat sich ein Jahr Auszeit für den Familienzuwachs genommen. Langsam neigt sich das Jahr dem Ende zu und sie überlegt, wie es danach weitergehen soll: In ihrem Job muss sie viel reisen und ist oft mehrere Tage hintereinander nicht zu Hause. Da sie die Zeit mit ihrem Kind sehr genießt, kann sie sich eine Reisetätigkeit gar nicht mehr vorstellen. Zudem weiß sie auch noch gar nicht, wie sie die Betreuung organisieren soll, wenn sie mal länger beruflich unterwegs ist. Immer öfter kreisen ihre Gedanken darum, einfach ganz neu zu starten und sich endlich mit einem Online-Shop selbstständig zu machen.

Jakob Meier hatte einen Burn-out und war deswegen drei Monate krankgeschrieben. Mittlerweile geht es ihm wieder besser und er plant, wieder in seinem Job zu starten. Je näher der Starttermin rückt, desto unsicherer wird er jedoch: Wird es nicht wieder der gleiche Stress sein, dem er bei seinem Arbeitgeber ausgesetzt ist? Wäre es nicht besser – auch zugunsten seiner Gesundheit – etwas ganz anderes zu machen?

Jil Schmidt hat während ihres einjährigen Sabbaticals als Rucksacktouristin die Welt bereist. In dieser Zeit hat sie ihren Reiseblog mit Inhalten gefüllt. Das ist ihr so gut gelungen, dass sie mittlerweile sehr viele Leser hat. Sie hat sich an die Freiheiten, die das Reisen mit sich bringt, gewöhnt und kann sich weder die Rückkehr in ein Angestelltenverhältnis, noch in eine Firmenhierarchie, noch in ihren Job als Marketingleiterin vorstellen. Sie will noch mehr von der Welt sehen, mit dem Blog und Instagram Geld verdienen und als Locationscout für Filmproduzenten, Modefotografen und Eventagenturen unterwegs sein.

Die Beispiele zeigen es – es kann viele Gründe geben, warum der alte Job plötzlich nicht mehr zur Lebenssituation passt:

- organisatorische (Arbeitszeiten, Arbeitswege etc.),

- familiäre (Betreuung eines Kindes, Pflege eines Angehörigen, Wohnortwechsel etc.),

- gesundheitliche (zu große Belastung, Allergien, Behinderung etc.),

- mentale (Mobbing seitens der Kollegen oder des Chefs, innere Widerstände gegen die Tätigkeit etc.),

- sonstige persönliche Gründe (Erkennen neuer Interessensgebiete, erlangte Qualifikationen, etc.).

Verändern oder nicht? Alles eine Frage der Potenziale

Je schwerer Ihnen etwas fällt und je unzufriedener Sie sind, umso mehr deutet das darauf hin, dass Ihre Tätigkeit nicht auf der aktiven Nutzung Ihrer individuellen Potenziale basiert. Wenn Sie Tätigkeiten ausüben, die nicht Ihren Potenzialen entsprechen, bedeutet das immer auch, dass Sie zur Erledigung dieser Aufgaben und Tätigkeiten einen erhöhten Aufwand betreiben müssen. Die Arbeit fällt Ihnen nicht leicht, Sie müssen sich ständig selbst motivieren, lassen sich (gerne) ablenken und fühlen sich am Ende müde und ausgepowert. Oft sind Ihre Gedanken dann bereits in Ihrer Freizeit und bei den Hobbys, auf die Sie sich freuen.

Bei Tätigkeiten, die Ihren Potenzialen entsprechen, ist das dagegen ganz anders: Die Aufgaben fallen Ihnen leicht, sie machen Ihnen Spaß und Sie sind gerne bereit, auch mehr als gefordert zu leisten. Umso mehr Sinn macht es, sich vor einer beruflichen Veränderung sehr genau die eigenen Potenziale und Vorlieben bewusst zu machen. Dazu gehört es auch, kritisch zu hinterfragen, ob Sie in die geplante Tätigkeit tatsächlich das einbringen können, was Sie ausmacht.

Was sind Potenziale?

Der Begriff »Potenzial« ist in aller Munde. Vor allem Personal-entwickler und Coaches arbeiten gerne mit diesem Schlagwort. Was aber sind Potenziale genau?

Übersicht: Was sind Potenziale?		
Potenziale	**Definition**	**Beispiele**
Talente	Natürliche Bega-bungen, die bei jedem Menschen in unterschiedlicher Form und Ausprägung vorhanden sind.	**Kognitiv:** hohe Intelligenz, gutes Gedächtnis, mathema-tisches Verständnis, Intuition, emotionale Intelligenz **Kreativ:** Sprachgefühl, künstlerische bzw. musische Begabung Koordination: Sportlichkeit, handwerkliche Begabung, Geschicklichkeit
Kenntnisse und Fähig-keiten	Aktiv angeeignetes Wissen und erworbe-ne Fähigkeiten	Per Ausbildung oder Studium erworbene Fachkenntnisse, Zusatzqualifikationen, Sprach-kenntnisse etc.
Kompetenzen	Talente in Verbindung mit den erworbenen Kenntnissen und Fähigkeiten	Aktivitäts- und Handlungskom-petenz, Fach- und Methoden-kompetenz, sozial-kommuni-kative Kompetenz, personale Kompetenz
Persönlichkeit	Die individuelle Aus-prägung der verschie-denen Persönlich-keitskomponenten	Eher extravertiert oder eher introvertiert; eher gewissen-haft etc.

Talente haben grundsätzlich eine genetische Komponente. Inwieweit ein Talent aktiviert und gefördert wird, um sich zu einer Kompetenz zu entwickeln, hängt jedoch noch von vielen weiteren Faktoren ab, wie z. B. der Familie, Schule, Ausbildung, von gesellschaftlichen Aspekten (Was ist sozial erwünscht?), der Umwelt, aber auch der individuellen Persönlichkeitsstruktur.

Was ist mit Persönlichkeit gemeint?

Die Persönlichkeit bildet einen Teil der Potenziale, der nicht immer für jeden auf der Hand liegt, wie dies z. B. bei den per Studium oder Ausbildung erworbenen Fähigkeiten der Fall ist. Ihre genaue Betrachtung ist jedoch wichtig, wenn man die eigenen Potenziale entdecken will. Was aber ist Persönlichkeit genau?

- Unter dem Begriff »Persönlichkeit« verstehen wir landläufig die Wirkung eines bestimmten Menschen auf einen anderen, seine Ausstrahlung, d. h., ob er eher charismatisch oder langweilig wirkt, eher offen auf andere zugeht oder verschlossen ist usw.

- In der Psychologie versteht man unter diesem Begriff dagegen die einzigartige Konstellation der verschiedenen Persönlichkeitskomponenten in ihrer individuellen Ausprägung, also all das, was uns so einzigartig und unverwechselbar macht.

Erfassung durch Persönlichkeitsmodelle

Ende des 20. Jahrhunderts wurde in diversen Studien untersucht, was eigentlich eine Persönlichkeit ausmacht. Ziel davon war es, diesen Begriff unter wissenschaftlichen Aspekten erfassbar zu machen.

Dazu wurde erforscht, inwieweit sich die Persönlichkeit auf Komponenten zurückführen lässt, die bei jedem Menschen, unabhängig von Kultur und sozialem Umfeld, überall auf der Welt messbar vorhanden sind. Ein Ergebnis dieser Forschungen war das für Persönlichkeitsanalysen häufig verwendete »Fünf-Faktoren-Modell«, auch bekannt als »Big-Five-Modell«. Darin wird die Persönlichkeit eines Menschen in fünf grundlegende Dimensionen unterteilt.

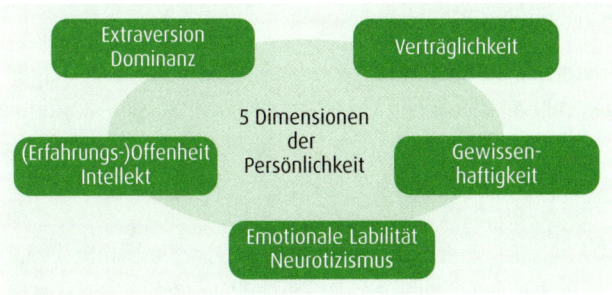

Die fünf Dimensionen unserer Persönlichkeit

Auf diesem Modell basieren viele diagnostische Verfahren zur Persönlichkeitsanalyse, wie z. B.

- Bambeck-Master-Profile,
- NEO-FFI,
- BIP (Bochumer Inventar zur berufsbezogenen Persönlichkeitsbeschreibung),
- ASSESS®,
- CAPtain.

Was die Persönlichkeitsanalyse aufzeigt

Die aus der Psychologie stammenden Begriffe

- Extraversion/Dominanz,

- Verträglichkeit,

- Gewissenhaftigkeit,

- Emotionale Labilität/Neurotizismus und

- (Erfahrungs-)Offenheit/Intellekt

werden in den auf den Big Five basierenden Analyseinstrumenten mit verschiedenen Etiketten versehen. So sind sie für die Anwendung im beruflichen Umfeld leichter verständlich und eingängiger.

Als Beispiel sind in der folgenden Tabelle die Bambeck-Master-Profile dargestellt, die der Psychologe und Persönlichkeitsforscher Joern J. Bambeck entwickelt hat.

Persönlichkeitskomponenten	
Persönlichkeitsdimensionen	Persönlichkeitsmerkmale
ALPHA »Aktivität« (Extraversion/Dominanz)	- Durchsetzungsfähigkeit - Initiativkraft - Entscheidungsschnelligkeit - Kontaktfähigkeit - Flexibilität - Organisationsfähigkeit
BETA »Beziehung« (Verträglichkeit)	- Warmherzigkeit - Einfühlungsvermögen - Fürsorglichkeit - Teamfähigkeit - Zuhörfähigkeit - Friedfertigkeit
GAMMA »Gewissenhaftigkeit« (Gewissenhaftigkeit)	- Gewissenhaftigkeit - Zuverlässigkeit - Verantwortungsbewusstsein - Sorgfalt/Gründlichkeit - Arbeitsfleiß - Leistungsmotivation
DELTA »Dickhäutigkeit« (Emotionale Labilität/ Neurotizismus)	- Emotionale Stabilität - Stressresistenz - Positive Grundstimmung - Stressbewältigung - Ärgerbewältigung - Belastbarkeit
EPSILON »Effektivität« (Erfahrungsoffenheit/ Intellekt)	- Komplexitätsbewältigung - Analytisches Denken - Systemisches Vorgehen - Soziale Intelligenz - Erfahrungsoffenheit - Kreativität

Grundsätzlich sind alle Persönlichkeitskomponenten bei jedem Menschen vorhanden, allerdings in unterschiedlichen Ausprägungen. Sie können sich das Gesamtbild der Persönlichkeit eines jeden Menschen wie ein Puzzle vorstellen. Jedes Puzzle hat die exakt gleiche Anzahl von Teilen. Allerdings haben die Teile bei jedem Menschen unterschiedliche Größen. Das zusammengesetzte Bild zeigt die jeweilige Persönlichkeit. Die Bilder sehen allerdings alle so unterschiedlich aus, wie die Persönlichkeiten es durch die unterschiedlich ausgeprägten Persönlichkeitsmerkmale sind. Die mit einem Big-Five-Analyseinstrument gemessenen Werte der Persönlichkeitsmerkmale entsprechen der Größe der einzelnen Puzzlestücke. In der Praxis bestehen die Tests meist aus umfangreichen Fragebögen. Mit der Auswertung der Antworten werden die Ausprägungen der unterschiedlichen Persönlichkeitsmerkmale festgestellt. Es zeigen sich so vollkommen individuelle Persönlichkeitsstrukturen. Diese wiederum hängen eng mit den individuellen Potenzialen zusammen.

BEISPIEL

Ein Test zeigt: Bei Anton Wiegand, einem Vertriebsleiter, sind die Persönlichkeitskomponenten in der Dimension »Extraversion« stark ausgeprägt. Er ist von seiner Veranlagung her ein Macher-Typ, der sich u. a. durch dominantes Auftreten, Risikofreude, schnelles und flexibles Handeln und ausgeprägte Kontaktfreudigkeit auszeichnet. Er wird höchstwahrscheinlich Herausforderungen lieben, abenteuerlustig sein und gerne seine Grenzen austesten.

Der Test zeigt auch: Herr Wiegand hat gleichzeitig eine geringe Ausprägung in der Dimension »Gewissenhaftigkeit«. In der Praxis äußert sich dies aller Wahrscheinlichkeit nach so: Er stößt mit unglaublich viel

Energie Dinge an und bringt sie nach vorne, versinkt aber dann mangels Organisation im Chaos.

Erfolgreiche Verkäufer haben recht häufig eine solche Persönlichkeitsstruktur. Sind sie sowohl für die aktive Kundengewinnung als auch für die gesamte Organisation (Terminplanung, Angebotserstellung und -verfolgung, Berichtswesen usw.) verantwortlich, führt dies meist zu negativen Ergebnissen. Der fehlende Erfolg, aber auch die Beschäftigung mit ungeliebten, nicht der Persönlichkeitsstruktur entsprechenden Aufgaben erzeugt Frustration. Eine Möglichkeit für solche Menschen, wieder erfolgreich und zufrieden zu werden, ist, sich voll auf die eigenen Stärken zu konzentrieren und den organisatorischen Teil, der ihnen nicht liegt, zu delegieren bzw. abzugeben.

Das Beispiel geht nur auf zwei Dimensionen einer Persönlichkeit ein. Sie besteht jedoch immer aus sämtlichen Persönlichkeitskomponenten aller fünf Dimensionen in unterschiedlicher Ausprägung. Im wirklichen Leben ist die Analyse einer Persönlichkeitsstruktur daher auch eine komplexere Angelegenheit als im Beispielsfall.

Grundsätzlich sind alle Ausprägungen der Persönlichkeitskomponenten zunächst wertfrei zu sehen. Eine starke Ausprägung ist nicht immer positiv, eine schwache Ausprägung nicht immer negativ. Eine extrem starke Ausprägung kann z. B. auch schnell zu einer Schwäche werden. Die Bewertung ist immer von der Gesamtsituation, in der man sich befindet, abhängig bzw. von den persönlichen Lebens- und Karrierezielen. Erst durch das Herstellen eines direkten Bezugs zu der jeweiligen Person und deren

- Lebensumfeld bzw. Lebenssituation,

- Umgebung,

- Verhalten,

- Glaubenssätzen,

- Wertestruktur,

- Identität und

- Zugehörigkeit

erhalten die in einer Analyse gemessenen Ausprägungen der Persönlichkeitskomponenten Aussagekraft. Sie können dann individuell gewertet werden als

- Stärken,

- Schwächen,

- Grenzen.

BEISPIEL

Bei einem angehenden Wirtschaftsanalysten wirken sich sehr schwach ausgeprägte Persönlichkeitskomponenten in der Dimension »Gewissenhaftigkeit« (Zuverlässigkeit, Verantwortungsbewusstsein, Sorgfalt/Gründlichkeit, Arbeitsfleiß, Leistungsmotivation) sicherlich eher negativ auf die berufliche Entwicklung aus. Von Analysten wird selbstverständlich zu Recht erwartet, dass sie in diesen Bereichen Stärken haben. Hohe Ausprägungen in der Dimension »Verträglichkeit« (Warmherzigkeit, Einfühlungsvermögen, Fürsorglichkeit, Teamfähigkeit, Zuhörfähigkeit, Friedfertigkeit) würden ihn eher von seinen Aufgaben ablenken, als ihm förderlich sein, da er sich dann deutlich mehr auf sein Umfeld, seine Kollegen und Mitmenschen sowie deren Belange konzentrieren würde als auf die Fakten, die wichtig für seine Analysen sind.

Für einen angehenden Sozialarbeiter sind starke Ausprägungen in der Dimension »Verträglichkeit« sehr positiv. Er muss Einfühlungsvermögen haben und sehr gut zuhören können. Ihm wären hohe Ausprägungen in der Dimension »Gewissenhaftigkeit« dagegen weniger hilfreich. Es bestünde dann die Gefahr, dass er eher Analysen erstellt, als dass er mit den Menschen arbeitet. Auch hätte er vermutlich Schwierigkeiten, unvorhergesehene Situationen durch schnelle Entscheidungen zu bewältigen. Ideal für ihn wären hingegen höhere Ausprägungen in der Dimension »Aktivität« (Durchsetzungsfähigkeit, Initiativkraft, Entscheidungsschnelligkeit, Kontaktfähigkeit, Flexibilität, Organisationsfähigkeit).

All das zeigt: Wer seine Potenziale erkennen will, muss auch seine Persönlichkeit kennen. Zum einen kann das durch einen wissenschaftlich fundierten Test, d.h. mittels eines Analyseinstruments kombiniert mit professioneller Beratung geschehen. Zum anderen kann man sich natürlich auch durchaus selbst mit sich und seiner Persönlichkeit auseinandersetzen und so bereits sehr viel über sich in Erfahrung bringen. Auch wenn das eine ausführliche, wissenschaftlich fundierte Persönlichkeitsanalyse nicht ersetzen kann, ist es ein großer Schritt in die richtige Richtung. Die folgende Checkliste hilft Ihnen bei Ihrer Reflexion.

Checkliste: Nachdenken über die eigene Persönlichkeit

Bin ich ...
- eher introvertiert oder eher extravertiert?
- eher altruistisch (um das Wohl anderer bemüht) oder eher egozentrisch?
- analytisch, auf die Sache fokussiert oder eher unmethodisch und spontan?
- erfahrungsoffen oder eher konservativ, bewahrend?
- belastbar und dickfellig oder stressanfällig und sensibel?

Checkliste: Nachdenken über die eigene Persönlichkeit

Welche Persönlichkeitsmerkmale schätze ich als besonders ausgeprägt ein?

Welche meiner ausgeprägten Persönlichkeitsmerkmale lebe ich aktiv in meinem Beruf?

Welche meiner ausgeprägten Persönlichkeitsmerkmale lebe ich beruflich nicht aktiv aus? Warum nicht? Sind diese Merkmale in meiner aktuellen beruflichen Lebenssituation nicht gefordert, nicht erwünscht oder mangelt es mir an dem nötigen Selbstvertrauen, sie auszuleben?

Wo sehe ich meine individuellen Stärken? Wo sehe ich meine Schwächen?

Wenn Potenziale brachliegen

Stark ausgeprägte Persönlichkeitsmerkmale wollen aktiv gelebt werden. Geben die individuellen Lebensumstände, das berufliche Umfeld oder die Stellenbeschreibung dies nicht her, suchen wir unbewusst nach Möglichkeiten, wie diese Potenziale genutzt werden können.

BEISPIEL

Ein Buchhalter weist sehr starke Ausprägungen auf in den Persönlichkeitsmerkmalen »Kontaktfähigkeit«, »Initiativkraft« und »Erfahrungsoffenheit«. In seinem Beruf kann er dies alles nicht leben. Und so wird er eventuell in der Freizeit eine Bürgerinitiative ins Leben rufen, den Posten eines Vereinssprechers übernehmen oder karitativ tätig sein.

Die Nutzung der eigenen, individuellen persönlichen Potenziale bildet die Basis für Erfolg und Zufriedenheit. Je weniger die eigenen sehr stark ausgeprägten Persönlichkeitsmerkmale im Berufsleben genutzt werden können, desto eher besteht der

Drang, diese intensiv z. B. in der Freizeit auszuleben. In solchen Konstellationen besteht jedoch die Gefahr, dass nur der Freizeitbereich langfristig zu mehr Erfolgserlebnissen und Zufriedenheit führt, während das Berufsleben als immer beschwerlicher wahrgenommen wird. Das ist nicht nur schlecht für den langfristigen beruflichen Erfolg, die persönliche Zufriedenheit und das Wohlbefinden, sondern kann in Extremfällen auch negative gesundheitliche Folgen haben und sogar zu Depressionen oder Burn-out führen.

> Wer seine eigenen, individuellen Potenziale kennt und bewusst nutzt, baut auf seinen Stärken auf und lebt so deutlich erfolgreicher und zufriedener als jemand, der sich darauf konzentriert, seine Schwächen auszugleichen.

Jetzt oder später? Der richtige Zeitpunkt

Flattert uns eine Kündigung ins Haus, dann zwingen uns die äußeren Umstände dazu, einen Neustart zu wagen. Ebenso ist es, wenn sich die familiäre oder gesundheitliche Situation ändert und der alte Job deswegen nicht mehr geeignet erscheint. In allen anderen Fällen können wir uns den Zeitpunkt für einen Neubeginn aussuchen. Doch oft stehen wir uns dabei selbst im Weg und zögern: Ist der richtige Zeitpunkt gekommen oder ist es besser, noch ein bisschen länger abzuwarten?

BEISPIEL

Gabriele Meyer ist seit vielen Jahren Marketingleiterin in einem großen Unternehmen. Ihre derzeitige Tätigkeit langweilt sie von Jahr zu
Jahr mehr: immer die gleichen Werbesprüche, immer die gleichen Pro-
dukte, immer dieselben Kollegen. Sie würde gerne wieder kreativer
sein – am besten in einer eigenen kleinen Werbeagentur. Kontakte zu
potenziellen Kunden hätte sie genug und auch der Businessplan liegt
bereits lange Zeit fertig in ihrem Schreibtisch. Ihr Mann steht hundert-
prozentig hinter ihrer Idee und könnte ihr sogar bei der Anschubfinan-
zierung helfen. Alle Zeichen und Signale stehen also auf grün. Und
trotzdem wagt Gabriele den Schritt nicht. Immer wenn ihre Freunde
sie fragen, wann es denn nun losgeht, sagt sie: »Nur noch dieses eine
Geschäftsjahr. Dann ist es soweit!« Und insgeheim wissen alle, dass
sie den Sprung nicht im nächsten und auch nicht in den darauffolgen-
den Geschäftsjahren machen wird.

Natürlich gibt es durchaus stichhaltige Gründe, die dazu führen,
dass jetzt noch nicht der richtige Zeitpunkt für eine Veränderung gekommen ist. Wenn es Ihnen jedoch auch so geht wie
Gabriele und Sie Hemmungen haben, den Sprung in eine neue
Herausforderung zu wagen, können Ihnen die folgenden beiden Übungen vielleicht weiterhelfen.

Übung: Was ist in zehn Jahren?

Versetzen Sie sich kurz in die Zukunft und fragen Sie sich: Wie
werde ich in zehn Jahren leben und was werde ich erreicht
haben, wenn ich meinen jetzigen Kurs beibehalte?

Gefällt Ihnen Ihre Antwort? Sind Sie in zehn Jahren ein glücklicher, zufriedener Mensch, der alles erreicht hat, was er sich bis dahin vorgenommen hat?

Wenn ja, Glückwunsch! Wenn nicht, sollten Sie anfangen, etwas zu ändern.

Übung: Wie viel Zeit haben Sie für Veränderungen?

Wollen Sie herausfinden, wie schnell Sie Veränderungen anstreben sollten? Nehmen Sie dazu ein Maßband (100 cm) und eine Schere zur Hand. Stellen Sie sich vor, die auf dem Band angegebenen Einheiten wären nicht Zentimeter, sondern Jahre. Schneiden Sie das Band bei Ihrem aktuellen Lebensjahr durch.

Schneiden Sie dann das Band zusätzlich in demjenigen Lebensjahr durch, in dem Sie in Rente gehen wollen. Das Reststück zeigt Ihnen die Dauer des noch vor Ihnen liegenden Berufslebens an.

Wie viele Jahre bleiben übrig, um eine Veränderung zu realisieren? Was passiert, wenn Sie jetzt nichts unternehmen?

Maßband: Zeit

Wann Sie die Notbremse ziehen sollten

Es gibt berufliche Situationen, die zwar schwierig sind, jedoch vorübergehen, so z. B. wenn sich ein Projekt dem Ende neigt und alle noch einmal ihr Bestes geben, um es in der geplanten Zeit abzuschließen. Kurzfristig wird es dann unangenehm und stressig, aber man weiß: Es geht vorbei. Zeichnet sich jedoch eine berufliche Situation ab, die sich dauerhaft nicht entschärft, sollten Sie die Notbremse ziehen. Oft ist man so involviert in den dann herrschenden Stress oder in bestehende Konflikte, dass man gar nicht mehr wahrnimmt, wie schlimm es steht. An den folgenden Warnzeichen erkennen Sie, dass etwas in Ihrem aktuellen Job nicht stimmt und Sie dringend über eine Neuorientierung nachdenken sollten.

Checkliste: Zeit für die Notbremse?

- Fühlen Sie sich wie in einem Hamsterrad, aus dem es kein Entrinnen gibt?
- Fühlen Sie sich permanent müde und ausgepowert?
- Fühlen Sie sich meist überfordert mit Ihren Aufgaben?
- Sind Sie sofort schlecht gelaunt oder bekommen Sie Bauchschmerzen, wenn Sie an Ihren Job, die Kollegen oder Ihren Chef denken?
- Schlafen Sie schlecht und denken Sie in der Nacht immer wieder über Dinge nach, die Ihre Arbeit betreffen?
- Gehen Sie jeden Morgen lustlos zur Arbeit?
- Sind Sie öfter krank als früher?
- Haben Sie wegen Ihres Jobs erhebliche private Probleme?

Je mehr Fragen Sie mit Ja beantworten können, desto schwieriger ist Ihre derzeitige berufliche Lage und desto schneller sollten Sie daran etwas ändern.

Auf einen Blick: Sind Sie bereit für einen Neuanfang?

- Es gibt die unterschiedlichsten Ausgangssituationen, die uns über einen beruflichen Neustart nachdenken lassen: Manchmal werden wir gezwungen, uns etwas anderes zu suchen – häufig sind wir selbst nicht mehr zufrieden mit einem Job.

- Ihre individuellen Potenziale (Talente, Fähigkeiten, Kenntnisse, Persönlichkeitsmerkmale) machen Sie einzigartig und unverwechselbar. Sie sollten daher die Grundlage für eine berufliche Neuorientierung sein.

- Sind Sie unzufrieden mit Ihrer bisherigen Tätigkeit, gilt es herauszufinden, ob Sie sich Ihrer Potenziale vollkommen bewusst sind und diese auch aktiv nutzen. Denn nur, wer seine Potenziale beruflich nutzen kann, wird im Job zufrieden und erfolgreich sein.

- Wer dazu gezwungen wird, seinen bisherigen Job aufzugeben, der muss sich zügig neu orientieren. In allen anderen Fällen haben wir die Qual der Wahl: Wir müssen entscheiden, wann der richtige Zeitpunkt für einen Wechsel ist. Nimmt der Stress überhand oder schleppen Sie sich jeden Tag lustlos zur Arbeit, sollten Sie die Notbremse ziehen – so schnell wie möglich.

Optimale Vorbereitung auf den Neustart

So eben mal neu zu beginnen, funktioniert nicht – zumindest dann nicht, wenn Sie Ihr Ziel erfolgreich erreichen wollen. Wie so oft, gilt auch hier: Je besser die Vorbereitung, desto eher gelingt die Umsetzung.

In diesem Kapitel erfahren Sie u. a.,

- wie wichtig es ist, die eigenen Potenziale zu kennen,
- warum Sie träumen dürfen,
- wie Sie Ihr neues berufliches Ziel definieren.

Potenziale erkennen

Eine berufliche Neuorientierung ist ein sehr großer Schritt, egal, ob man nun durch äußere Zwänge oder den inneren Wunsch dazu getrieben wird. Solch starke Einschnitte in das Leben, die mit Änderungen des Einkommens, der Arbeitszeiten oder auch des Wohnortes verbunden sind und daher auch weit in das Privatleben reichen, wollen gut überlegt und vorbereitet sein. Die Vorbereitung ist nicht einfach und sehr zeitintensiv. Sie verlangt zudem eine ehrliche Auseinandersetzung mit sich selbst und dem engen privaten Umfeld.

> Die Phase der Umorientierung bringt häufig Ängste vor dem Neuen mit sich. Sie verleiten dazu, sich auf das Altbewährte zu besinnen und einen Job anzunehmen, der dem alten ziemlich ähnlich ist. Ein unbefriedigendes Ergebnis: der gleiche Inhalt in anderer Verpackung – oft genug auch behaftet mit den Dingen, die man eigentlich nicht mehr oder ganz anders haben wollte. Widerstehen Sie diesen Ängsten so weit es geht.

Je mehr Sie von sich, Ihrer Persönlichkeit und Ihren individuellen Potenzialen in eine berufliche Tätigkeit einbringen können, je zufriedener und erfolgreicher können Sie sein. Jedoch können wir grundsätzlich nur diejenigen Potenziale nutzen, die wir kennen. Und je besser Sie Ihre Potenziale kennen, desto sicherer können Sie beurteilen, ob die geplante Neuausrichtung das richtige für Sie ist.

Ihre Potenziale machen Sie zu einem einzigartigen, unverwechselbaren Menschen. Nun ist es aber längst nicht so, dass wir uns all unserer Persönlichkeitsmerkmale, Talente, Fähigkeiten,

Kenntnisse und Kompetenzen auch immer bewusst sind. Viele davon schlummern in uns und müssen erst in unser Bewusstsein rücken. Damit Sie sich all Ihrer Potenziale bewusst werden, ist es sinnvoll, sich diese im wahrsten Sinne des Wortes »vor Augen zu führen« – sie zu visualisieren. Bewährt hat sich dazu als Methode »Der Wachstumsbaum«.

Übung: Der Wachstumsbaum – Teil 1

Leitfaden »Der Wachstumsbaum« – Teil 1
1. Legen Sie ein großes Blatt Papier (Flipchart, Tapete) und Farbstifte bereit.
2. Zeichnen Sie spontan einen Baum (viel Platz für Wurzelwerk und Krone einplanen). Das Bild des Baumes wird so individuell sein, wie Sie selbst es auch sind.
3. Schreiben Sie alle Ihre Potenziale in den Wurzelbereich, die Ihnen bereits bewusst sind: ▪ ausgeprägte Persönlichkeitsmerkmale ▪ Talente ▪ Kenntnisse und Fähigkeiten ▪ Kompetenzen Sicherlich werden Sie schon ein gutes Fundament im Wurzelwerk notieren können.

Für diese Übung sollten Sie sich viel Zeit nehmen. Fangen Sie an einem ruhigen Tag damit an und halten Sie Ihr Bild danach in Reichweite, um es an den folgenden Tagen und Wochen immer wieder zu ergänzen. Sie werden überrascht sein, wie viele Potenziale Sie eintragen können.

Schauen Sie sich dann Ihren ganz persönlichen Baum, den Sie gezeichnet haben, an: Was sagt allein die Zeichnung über Sie aus?

- Hat Ihr Baum einen sehr geraden Stamm und sind die Einträge bei der Wurzel sehr akkurat vorgenommen (mit Aufzählungszeichen, sortiert etc.)?

- Oder ist der Stamm eher knorrig und sind die Schlagworte im Wurzelbereich wild verteilt?

Ein sehr gerader Baum mit symmetrisch gezeichneter Krone und übersichtlichem Wurzelwerk deutet darauf hin, dass Sie eher analytisch und strukturiert sind. Der knorrige Baum lässt eher auf einen spontanen, kreativen Menschen schließen.

Was schätzen andere an mir?

Bis jetzt konnten Sie nur diejenigen Potenziale in den Baum eintragen, die Ihnen bereits bewusst waren und relativ spontan eingefallen sind. Das sind aber längst noch nicht alle. Um sich weiterer Potenziale bewusst zu werden, über die Sie verfügen, lohnt es sich herauszufinden, was andere Menschen an Ihnen schätzen. Oft werden Ihnen in diesem Zusammenhang Eigenschaften zugeschrieben, die Sie selbst an sich noch gar nicht wahrgenommen haben.

Selbsteinschätzung

Um diesen Potenzialen auf die Spur zu kommen, sammeln Sie am besten zunächst Ihre Antworten auf die nachstehenden Fragen:

- Mit welchen Anliegen wenden sich andere Menschen an mich? Welche Persönlichkeitsmerkmale, Talente, Fähigkeiten, Kenntnisse werden dabei nachgefragt?

- In welchen Situationen geschieht das?

- Welche konkreten Aktivitäten werden von mir erwartet?

- Welchen Nachfragen komme ich dabei am liebsten nach?

Erkennen Sie ein bestimmtes Muster? Sind es genau diejenigen Potenziale, die Sie für sich bereits erkannt haben, oder werden etwa noch zusätzliche Talente, Fähigkeiten, Kenntnisse nachgefragt, die Ihnen bisher gar nicht bewusst waren? Aus solchen Bitten oder Nachfragen von anderen, die Sie gerne und mühelos erfüllen, können Sie auf Ihre verborgenen Potenziale schließen.

BEISPIEL

Antje Müller ist Sachbearbeiterin in der Buchhaltung. Sie handelt dort grundsätzlich auf Anweisung und arbeitet die anstehenden Aufgaben zuverlässig und gewissenhaft ab.

Privat treibt sie gerne Sport und ist Mitglied im örtlichen Reiterverein. Wenn der Verein Aktionen plant, um Mitglieder zu gewinnen oder Sponsoren für Turniere oder notwendige Materialanschaffungen anzuwerben, wird stets sie gebeten, Flyer, Brieftexte und Plakate zu gestalten. Sie hat diese Aufgaben immer mit viel Engagement übernommen und sich anschließend über den Erfolg der Aktion gefreut.

Sie wusste bereits, dass ihre Stärken Zuverlässigkeit und Sorgfalt sind. Das Persönlichkeitsmerkmal »Kreativität« hat sie bisher nicht mit sich selbst in Verbindung gebracht, obwohl es bei den Vereinsaufgaben die Basis für ihren Erfolg ist.

Insbesondere die Kreativität eines Menschen wird oft übersehen, da sie meist mit künstlerischer Kreativität gleichgesetzt wird. Im Bereich der Potenziale wird sie allerdings deutlich umfassender verstanden. Auch die Entwicklung immer neuer und innovativer Lösungen im Arbeitsleben basiert z. B. auf Kreativität.

> Oft werden ausgeprägte Potenziale von einem selbst nicht als solche wahrgenommen, sondern als etwas, was »normal« und »selbstverständlich« ist. So kann es sein, dass ein eigentlich sehr offensichtliches Potenzial einem selbst vollkommen unbewusst ist.

Fremdeinschätzung

Sie können Ihre Erkenntnisse zu bisher unbewussten Potenzialen noch weiter ergänzen, indem Sie gezielt Menschen aus Ihrem Umfeld fragen, was genau diese an Ihnen schätzen.

Reflexion: Unbewusste Potenziale entdecken
10 Dinge, ...
die meine Mutter/mein Vater an mir schätzen
die meine Geschwister an mir schätzen
die meine Kinder an mir schätzen
die mein Partner an mir schätzt
die Freunde an mir schätzen
die Kollegen an mir schätzen
die Vorgesetzte an mir schätzen

Scheuen Sie sich nicht davor, Menschen aus Ihrem Umfeld direkt auf diese Punkte anzusprechen. Sie werden überrascht sein, welche Antworten Sie bekommen.

Dieses Feedback ist zur Komplettierung Ihres Selbstbildes ungeheuer wichtig. Reflektieren Sie nach den Gesprächen kurz, was Sie daraus über sich erfahren haben. War Ihnen diese Information bekannt? Passt sie zu dem, was Sie bisher über sich in Erfahrung gebracht haben oder ist es eine neue Information? Notieren Sie sich all diese Punkte auf einem Zettel.

Leitfaden »Der Wachstumsbaum« – Teil 2
4   Ergänzen Sie die Potenziale im Wurzelbereich, die Ihnen Ihr Umfeld bewusstgemacht hat.

Was schlummert noch in mir?

Sie haben jetzt einen guten Eindruck von denjenigen Potenzialen bekommen,

- die Ihnen selbst bekannt sind,

- die andere in Ihnen erkennen.

Allerdings können Sie sicher sein, dass das noch längst nicht alle Ihre Potenziale sind, über die Sie verfügen. Um auch noch weitere dieser Fähigkeiten zu erkennen, die noch in Ihnen schlummern, lohnt es sich, einen Blick in Ihre Vergangenheit zu werfen.

Der Wachstumsbaum – Teil 3

Hier kommt ein neuer Bereich Ihrer Visualisierung mit dem Wachstumsbaum ins Spiel:

Bisher haben Sie alles, was Sie an Potenzialen selbst oder mit der Hilfe anderer Menschen erkannt haben, in den Wurzelbereich eingetragen. Widmen Sie sich jetzt der Baumkrone. Überlegen Sie, was Sie bisher in Ihrem Leben erreicht haben: Tragen Sie oben in den Baum kleine wie große, nur Ihnen bekannte sowie auch öffentlich bekannte Erfolge ein. Hier sollte all das einen Platz finden, was Ihnen jemals als vorteilhaftes Ereignis wichtig war.

BEISPIELE

- Private Erfolge: Au-pair in Neuseeland, Surfwettbewerb gewonnen, glücklich verheiratet, Vorsitzende der Elternvertretung, zwei Kinder großgezogen, Tandemsprung gewagt, sechs Mal umgezogen und sich immer wieder erfolgreich eingelebt, Gründung einer Bürgerinitiative, Marathon gelaufen
- Berufliche Erfolge: Abitur, abgeschlossene Ausbildung zur Fremdsprachenassistentin, Praktikum in Japan, berufsbegleitendes BWL-Studium, Bereichsleiterin, Wiedereinstieg in den Beruf als Projektmanagerin im internationalen Umfeld

> Wenn Sie an all diese kleinen und großen Erfolge zurückdenken, genießen Sie die Momente des Erinnerns und gönnen Sie es sich, den Stolz und das Glück, das Sie damals empfunden haben, noch einmal zu fühlen.

Schauen Sie sich jeden einzelnen Eintrag in der Krone Ihres Wachstumsbaums an. Jeder dieser Erfolge wurde möglich, weil

Sie eigene Potenziale abgerufen und genutzt haben. Überlegen Sie jetzt, welche davon zur Umsetzung der jeweiligen Erfolge, egal, ob privat oder beruflich, notwendig waren und notieren Sie diese. Welche Potenziale benötigten Sie ganz genau, um das jeweils Erreichte zu realisieren?

BEISPIELE

Marathon: Zielstrebigkeit, Durchhaltevermögen, Fitness

Kinder & Karriere: Organisationsfähigkeit, Flexibilität, hohe Belastbarkeit, Durchsetzungsvermögen

Gründung einer Bürgerinitiative: Initiativkraft, Kontaktfähigkeit, Durchsetzungsvermögen, Überzeugungskraft, Organisationsfähigkeit

Berufsbegleitendes Studium: Fleiß, Zielstrebigkeit, Belastbarkeit, Durchhaltevermögen, Organisationsfähigkeit

Wenn Sie auf Potenzial-Entdeckungstour gehen, werden Sie feststellen, dass viele der bereits erkannten und notierten Potenziale immer wieder auftauchen. Das deutet darauf hin, dass diese bei Ihnen stark ausgeprägt sind. Sie können solche wichtigen Potenziale in Ihrer Visualisierung besonders hervorheben, indem Sie sie z. B. immer wieder unterstreichen oder mit unterschiedlichen Farben markieren.

»Der Wachstumsbaum« – Teil 3 Ergänzung um unbewusste Potenziale	
5	Tragen Sie alle Erfolge, die Sie beruflich und privat für sich verbuchen konnten und die für Sie wichtig waren, in die Krone des Baumes ein.
6	Versetzen Sie sich in die Situation zurück, in der Sie an der Umsetzung des jetzt Erreichten arbeiteten: Welche Talente und Fähigkeiten benötigten Sie dafür?
7	Welche zusätzlichen Kenntnisse und Fähigkeiten haben Sie sich in dem Zusammenhang noch angeeignet?
8	Alles, was Sie hier herausfinden, gehört als Ergänzung in den Wurzelbereich. Sie können diese Einträge dort mit einer anderen Farbe vornehmen, damit Sie später erkennen, wie viele Potenziale Sie dazu ergänzt haben.

Bei der Arbeit am Wachstumsbaum werden Sie sich vielleicht fragen, ob das, was Sie da jeweils für sich als Potenzial identifiziert haben, nicht einfach normal und selbstverständlich ist. Überlegen Sie dann genau, ob alle Ihre Freunde, Bekannten und Kollegen auch über dieses Potenzial verfügen. Die Antwort darauf wird Sie in der Regel dazu veranlassen, es dann doch mit einer gewissen Freude in den Wurzelbereich Ihres Baumes zu schreiben.

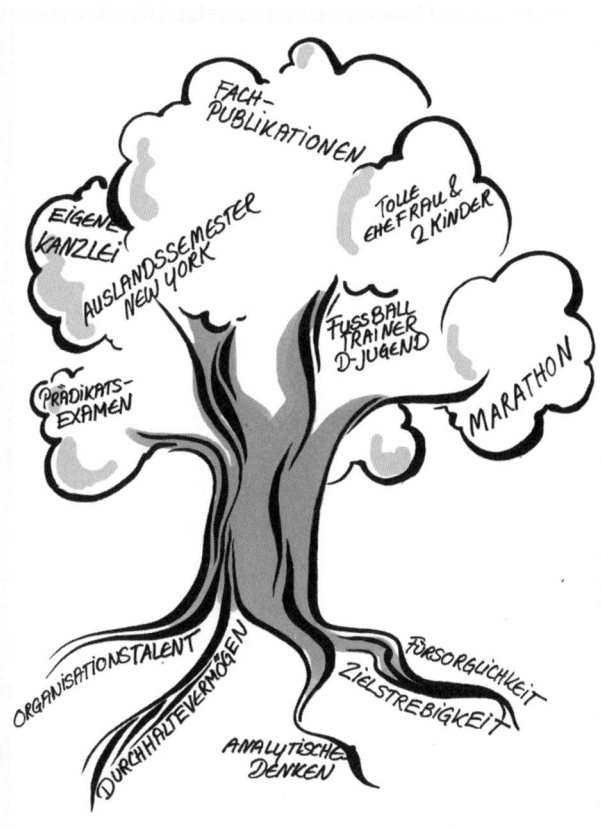

Wachstumsbaum – ein Beispiel

> Schauen Sie sich die Krone Ihres Baumes an: Das alles haben Sie schon erreicht in Ihrem Leben! Sehen Sie sich die Wurzeln Ihres Baumes an: Über so viele Potenziale verfügen Sie! Diese haben alles, was Sie bisher erreicht haben, ermöglicht. Werden Sie sich all dessen bewusst und lassen Sie erste Ideen zu, was zukünftig möglich sein könnte.

Die Schatzkiste der Erinnerungen öffnen

Bisher ging es um bewusste und unbewusste Potenziale. In diesem Abschnitt liegt der Fokus auf Eigenschaften, Fähigkeiten etc., die Sie früher genutzt haben, die jetzt aber fast vergessen in Ihnen schlummern. Vielleicht fragen Sie sich, warum Sie etwas, was Sie früher sehr gerne getan haben, irgendwann aufgegeben und eventuell sogar regelrecht vergessen haben. Hierfür gibt es einfache und durchaus nachvollziehbare Gründe: Menschen neigen dazu, sich im Lauf des Lebens an diverse Umstände anzupassen, wie z. B. an elterliche Erwartungen, an das persönliche Umfeld, bequeme Gegebenheiten, gesellschaftliche Vorstellungen.

BEISPIELE

Anpassung an elterliche Erwartungen: »Ach Kind, als Musiker kannst du doch kein Geld verdienen! Mach uns doch keinen Kummer und lern' einen anständigen Beruf.«.

Anpassung an Freunde/persönliches Umfeld: »Die ganze Clique studiert nach dem Abitur. Willst du wirklich hier im Ort bleiben und Handwerker werden? Ist doch total langweilig!«

Anpassung an bequeme Gegebenheiten: »Ich hätte ja lieber etwas im Bereich Marketing gemacht, aber da waren im Unternehmen am Ort keine Stellen frei. In der IT wurde jemand gesucht, und ich habe während der Ausbildung ja immer schon dort ausgeholfen. Ich wusste daher, was mich erwartet.«

Anpassung an gesellschaftliche Erwartungen: »Du kannst doch nicht ernsthaft deinen gut bezahlten Job in einer Bank aufgeben, eine Ausbildung zum Gärtner machen und dann bei deinen jetzigen Kunden Unkraut jäten! Was sollen denn die Leute denken?«

Bei der Anpassung kann es passieren, dass Sie vieles von dem aus den Augen verlieren, was Sie auszeichnet, was Sie können, wovon Sie mehr haben möchten, womit Sie Erfolg haben und was Ihnen Spaß macht: Ihre eigenen, individuellen Talente und deren Nutzung.

Übung: Zurück zu vergessenen Potenzialen

Was haben Sie früher sehr gerne getan,

- als Sie noch zur Schule gingen?
- als Sie mit der Ausbildung/dem Praktikum/dem Studium begonnen haben?
- bevor Sie ... kennengelernt haben?
- bevor Sie nach ... gezogen sind?
- bevor Sie sich für eine Karriere als ... entschieden haben?
- ...?

Versetzen Sie sich gedanklich in diese Zeit zurück:

- Was haben Sie damals empfunden?
- Welche Potenziale haben Sie damals genutzt?

Sind diese von Ihnen bereits im Wachstumsbaum erfasst worden? Gehen Sie hier nach dem gleichen Muster vor wie bei Ihren Erfolgen: Schreiben Sie die Dinge, die Sie gerne getan haben, in die Krone und die Potenziale, die Sie jeweils genutzt haben, in den Wurzelbereich des Baumes.

»Der Wachstumsbaum« – Teil 4 Zurück zu vergessenen Potenzialen	
9	Ergänzen Sie Ihre Erfahrungen und Erfolge in der Krone um alles das, was Sie früher gerne getan haben.
10	Ergänzen Sie Ihre Potenziale im Wurzelbereich um die Potenziale, die Sie damals benötigt haben, um all die Dinge tun zu können, die Sie so gerne getan haben.

Lieblingsbeschäftigung herausarbeiten

Schauen Sie sich Ihren Wachstumsbaum an. Er zeigt alle Ihre Talente, Kenntnisse und Fähigkeiten, Ihrer Kompetenzen und Ihre Lebenserfahrung. Diese Kombination ist einzig und allein die Ihre.

Insbesondere für diejenigen, die festgestellt haben, dass sie im beruflichen Umfeld unzufrieden und wenig erfolgreich sind (siehe hierzu das Kapitel »Sind Sie bereit für einen Neuanfang?«), steckt hier die Chance zu erkennen, sich darüber bewusst zu werden, was zu mehr Erfolg und Zufriedenheit führen würde. Überlegen Sie völlig frei von Ihnen bekannten Berufsbezeichnungen, Stellenangeboten etc., womit Sie am liebsten Geld verdienen würden. An diesem Punkt dürfen Ideen, Visionen, Träume entstehen, ganz unabhängig davon, ob es möglich ist, diese zu realisieren. Die folgenden Übungen helfen Ihnen dabei.

Fragen Sie sich:

- Was habe ich immer schon am liebsten getan (egal, ob beruflich oder privat)? Welche Potenziale habe ich dafür benötigt?

- Bei welcher Tätigkeit fühle ich mich ganz und gar lebendig? Welche Potenziale benötige ich für diese Tätigkeit? Wie genau bringe ich sie ein?

Sehr wahrscheinlich kristallisieren sich bei der Beantwortung der Fragen wieder die von Ihnen bereits schon mehrfach genannten, im Wachstumsbaum markierten Potenziale heraus. Das sind diejenigen, die bei Ihnen am stärksten ausgeprägt sind und deren aktive Nutzung für Sie am wichtigsten ist, wenn Sie zufrieden und erfolgreich sein wollen.

Worin sind Sie einzigartig und unschlagbar?

Beschreiben Sie in eigenen Worten, was an Ihnen so besonders und einzigartig ist. Nehmen Sie hierzu wieder Ihren Wachstumsbaum zur Hand. Machen Sie sich noch einmal bewusst, was Sie da alles über sich zusammengetragen haben. Konzentrieren Sie sich auf die Talente, die Sie immer wieder für Ihre Erfolge eingesetzt haben, auf Ihre im Lauf des Lebens erworbenen Kenntnisse und Fähigkeiten, die Ihren Talenten und Persönlichkeitsmerkmalen eine noch größere Wirkung verschaffen, auf Ihre Erfahrungen, die Sie gemacht haben und Ihre Erfolge.

Im Gegensatz zu dem in klassischen Bewerbungsunterlagen gewünschten, tabellarischen Lebenslauf kreieren Sie so Ihre ganz persönliche Erfolgsgeschichte.

So legen Sie eine gesunde Basis für Selbstvertrauen. Selbstvertrauen ist ein entscheidender Schlüssel für Zufriedenheit. Wenn Sie sich mit sich und Ihren Fähigkeiten sehr genau auseinandergesetzt haben, können Sie sich selbst vertrauen – und Ihren eigenen Entscheidungen. Fragen Sie sich: Wer kennt Sie besser als Sie sich selbst? Wer sollte es wagen, Ihnen zu sagen, was Sie glücklich und zufrieden macht?

Vertrauen in die eigenen Potenziale

> Ihre wahre Berufung erkennen Sie daran, dass sie Ihre größte Leidenschaft ist.

Ziel definieren

In den vorherigen Kapiteln haben Sie sich mit Ihren Potenzialen beschäftigt. Sie wissen nun ganz genau, was Sie können und wofür Sie stehen. Hier geht es jetzt darum, den Blick nach vorne in die Zukunft zu richten und herauszuarbeiten, wie Sie Ihre Potenziale möglichst gut einsetzen können. Alles dreht sich hier um Ihr persönliches Ziel. Die genaue Definition dieses Ziels ist die Grundlage dafür, Veränderungen angehen zu können.

BEISPIEL

Herr Schröder arbeitet in der Buchhaltung. In seiner Freizeit unterstützt er seit längerem ein soziales Projekt: Er wirbt dafür in der Region um Sponsoren, organisiert Veranstaltungen, deren Erlöse dem Projekt zugutekommen, und er hält den Kontakt zur Presse. Im Lauf der Jahre stellte er fest, dass ihm sein eigentlicher Job immer weniger Freude bereitete, während er mehr und mehr Zeit in seine karitative Tätigkeit investierte. Eine intensive Auseinandersetzung mit seiner Persönlichkeitsstruktur und seinen Potenzialen zeigte, dass er starke Ausprägungen in den Persönlichkeitsmerkmalen Kontaktfähigkeit, Initiativkraft, Organisationsfähigkeit, Zuverlässigkeit, Sorgfalt/Gründlichkeit hat, belastbar und stressresistent ist. Er hat viel Erfahrung gesammelt in den Bereichen Veranstaltungsorganisation, Sponsoring und PR und kennt sich aufgrund seiner beruflichen Qualifikation sehr gut mit Finanzen aus. Er beschließt, an seinem Leben etwas zu verändern, um zukünftig nicht nur in der Freizeit, sondern auch im Job seine eigenen Potenziale mehr einbringen zu können.

Viele kennen es aus dem Projektmanagement: Wenn es kein genau definiertes Ziel gibt, sind Projekte bereits zum Scheitern verurteilt, bevor sie überhaupt begonnen haben. Dieser Grundsatz gilt auch für persönliche Projekte. Bevor Sie z. B. eine Wanderung oder einen Segeltörn starten, sollten Sie das genaue Ziel festlegen. Tun Sie das nicht, laufen Sie Gefahr, sich zu verirren und dort zu landen, wo Sie wahrscheinlich gar nicht hin wollten. Genauso verhält es sich mit einer beruflichen Neuorientierung.

> Manch einer erreicht nichts im Leben. Andere erreichen etwas, von dem sie nicht wissen, ob es wirklich das ist, was sie eigentlich wollten.
>
> Wenn Sie nicht wissen, was Sie vom Leben wollen, was werden Sie dann wohl bekommen?

Sie haben einen Wunsch frei ...

Ein neues Ziel bedeutet Veränderung. Veränderungen jedoch machen den meisten Menschen Angst. Versuchen Sie, bei der ersten spontanen Zielformulierung Ihre Ängste und Sorgen außen vor zu lassen. Gehen Sie an die Beantwortung der nun folgenden Fragen ganz unbefangen heran: Stellen Sie sich vor, es ist Weihnachten und Sie dürfen einen Wunschzettel schreiben, ohne darüber nachdenken zu müssen, ob die Wünsche realistisch sind oder nicht. Lassen Sie alles das, was Sie hier notieren, einfach stehen und korrigieren Sie nichts.

Übung: Wunschzettel für die Zukunft

Ihr Wunschzettel

- Was würden Sie anstreben, wenn Sie nicht fürchten müssten, daran zu scheitern?
- Welches Leben würden Sie führen, wenn Sie Ihre Ängste völlig ausblenden könnten?
- Wie würden sich dann andere Menschen Ihnen gegenüber verhalten?

> Die Menschen werden nicht durch die Dinge, die passieren, beunruhigt, sondern durch die Gedanken darüber. (Epiktet, griechischer Philosoph)

Kreativ zur Zieldefinition

Es gibt Menschen, denen es schwerfällt, Ziele zu formulieren. Helfen können ihnen dabei Kreativitätstechniken. Diese können festgefahrene Gedanken lösen und schaffen die Basis dafür, die jeweilige Herausforderung offen und kreativ anzugehen. Eine der bekannten Kreativitätstechniken ist das Brainstorming, bei dem alle anwesenden Personen zu einem bestimmten Thema alle ihnen in den Kopf kommenden Gedanken aufschreiben, ohne im ersten Schritt zu hinterfragen, ob diese sinnvoll sind oder nicht. Erst wenn alle Ideen notiert wurden, wird überlegt, was umsetzbar sein könnte und was nicht. Diese Methode kann zwar auch alleine angewendet werden, ist aber bei Beteiligung mehrerer Personen deutlich effektiver. Es gibt jedoch Techniken, die man wunderbar auch ganz alleine anwenden kann.

Die Walt-Disney-Strategie

Eine solche Technik ist z. B. die Walt-Disney-Strategie. Sie geht zurück auf den gleichnamigen amerikanischen Unternehmer, der nach diesem Verfahren arbeitete. Disney betrachtete dabei das angestrebte Ziel aus verschiedenen Positionen.

Walt-Disney-Strategie	
Position	... ist zuständig für:
Träumer	• Wunschträume • Visionen • Querdenken, verrückte Ideen
Kritiker	• Bedenken • Probleme • Einschränkungen
Realist	• Lösungen • Auswege • Neuerungen

Begeben Sie sich nacheinander in die genannten Positionen, so dass Sie Ihr Ziel aus den jeweils unterschiedlichen Perspektiven des Träumers (Idealvorstellung, Wunschtraum), des Kritikers (entdeckt alle vorhandenen Schwachstellen und hinterfragt alles) und des Realisten (wägt Fakten gegeneinander ab) betrachten können. Im Idealfall nutzen Sie dafür jeweils unterschiedliche und passend hergerichtete Räume. Dort lassen Sie sich jeweils intensiv ein auf das »typische« Erleben in der jeweiligen Position. Gleich anschließend notieren Sie Ihre Ideen und Gedanken auf einem markierten Bogen, den Sie an diesem Platz lassen.

Nachdem Sie alle drei Positionen in der oben genannten Reihenfolge durchlaufen haben, können Sie Ihre Notizen für die Entscheidungsfindung auswerten.

Positionen der Walt-Disney-Strategie

BEISPIEL

Herr Schröder hat sich überlegt, dass er mit seinen Potenzialen eigentlich hervorragende Dienste für soziale Vereinigungen leisten könnte.

In der Position des **Träumers** erlebt er sich als hoch geschätzten, weil äußerst kompetenter Berater für unterschiedliche Organisationen, als der Experte, der sinnvollen Projekten Sponsoren beschafft, als Gründer einer neuen Organisation, ...

In der Position des **Kritikers** erlebt er eine unsichere Einkommenssituation, da er keine feste Anstellung mehr hat, muss mit immer wieder anderen Tagesabläufen zurechtkommen, sich in unterschiedliche Organisationen, deren Strukturen, Ziele und Kultur einarbeiten und wird mit Planungsunsicherheit konfrontiert.

In der Position des **Realisten** überlegt er, ob es Modelle gibt, die ihm hinsichtlich des Einkommens mehr Sicherheit geben können, wie z. B. längerfristige Beraterverträge oder ein Angestelltenverhältnis bei einer größeren Organisation. Er wägt die Vorteile des aktuellen starren Tagesablaufs gegenüber einem sehr flexiblen ab, überlegt, ob wechselnde Organisationen, Ansprechpartner und dergleichen auf ihn eher abschreckend oder vielleicht sogar reizvoll herausfordernd wirken.

Anschließend nimmt er seine Notizen zur Hand und wertet für sich aus, welche Idee Chancen auf eine Realisierung haben kann, oder ob vielleicht eine Kombination aus mehreren Ideen die Lösung ist.

Mindmapping

Für die Technik des Mindmapping benötigen Sie eigentlich nur ein möglichst großes Blatt oder eine Schreibtafel und Stifte. Sie bringen den Gedanken zu Papier, über den Sie sich klarer werden möchten und schreiben sämtliche Assoziationen, die Ihnen zu dem Gedanken einfallen, ebenfalls auf. Verbinden Sie diese sinnvoll untereinander. Sie erkennen so zusammenhängende Ideen und Assoziationen, können zu diesen jeweils wieder verfeinerte Untergruppen bilden usw.

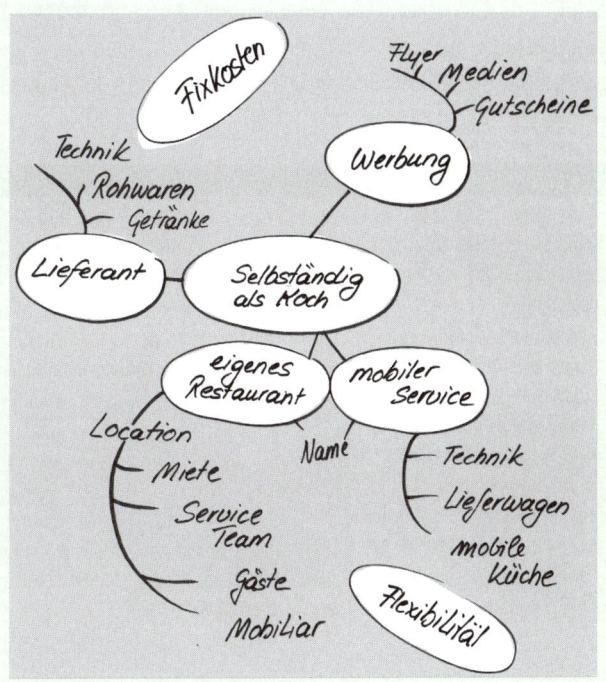

Mindmapping

Die Wunderfrage

Die Wunderfrage ist eine Methode aus der lösungsorientierten Gesprächsführung, die unter anderem in der Psychotherapie eingesetzt wird. Hier geht es darum, Problemsituationen aus unterschiedlichen Perspektiven zu betrachten, um den eigenen Handlungsspielraum zu vergrößern und hilfreiche Alternativen zu entwickeln. Die Wunderfrage kann – in abgewandelter Form – auch bei der Definition Ihrer Ziele helfen. Alles, was Sie für diese Methode brauchen, ist Zeit und Vorstellungsvermögen.

Die Wunderfrage

Angenommen, es wäre Nacht und Sie legen sich schlafen. Während Sie schlafen, geschieht ein Wunder: Ihre berufliche Situation, die Sie schon seit längerer Zeit belastet, hat sich zum Positiven geändert. Da Sie geschlafen haben, wissen Sie nicht, dass dieses Wunder geschehen ist.

Was wird Ihrer Meinung nach morgen früh das erste kleine Anzeichen darauf sein, dass sich etwas verändert hat? Präzisieren können Sie diese Frage mit folgenden Ergänzungen:

- Was genau wäre anders?
- Was würden Sie dann genau tun?
- Wo wären Sie?
- Wie würden Sie sich fühlen?
- Wie würde Ihr Umfeld auf Sie reagieren?

Mit der Beantwortung dieser Fragen kreieren Sie positive Zukunftsfantasien, die Sie vielleicht zum passenden Ziel führen.

Was ist Ihnen wirklich wichtig?

Sie haben entweder spontan oder mit Hilfe einer Kreativitätstechnik Ihr Wunschziel, Ihren Traum oder Ihre Vision notiert. Jetzt sollten Sie Schritt für Schritt prüfen, inwieweit eine Realisierung möglich ist. Auch wenn es zu diesem Zeitpunkt schwerfällt, richten Sie Ihre Gedanken jetzt wieder auf sich und Ihre Potenziale. Vorhin war Wunschdenken angesagt, jetzt geht es darum herauszufinden, ob sich Ihr Wunsch auch wirklich umsetzen lässt.

Übung: Definieren der Ziele

Schritt für Schritt zur Zieldefinition
1. Notieren Sie, welche Ihrer Potenziale Sie zukünftig unbedingt aktiv nutzen möchten. Schreiben Sie spontan auf, welche davon Ihnen ganz wichtig sind.
2. Vergleichen Sie diese dann mit der Visualisierung in Ihrem Wachstumsbaum: Haben Sie die Potenziale genannt, die bei Ihnen wahrscheinlich am stärksten ausgeprägt sind? Falls nicht, sollten Sie überlegen, warum Sie ausgerechnet Ihre größten Stärken nicht aktiv nutzen wollen. Sie bergen ein enormes Zufriedenheits- und Erfolgspotenzial.
3. Welche Rahmenbedingungen möchten Sie zukünftig haben? Möchten Sie angestellt oder selbstständig sein? In welchem Bereich wollen Sie tätig sein? Von welchen Menschen möchten Sie umgeben sein (Kreative, Bürokraten, ruhige oder aktive, gesellige Menschen oder Eigenbrötler)? Wie soll das Unternehmen strukturiert sein? In welcher Unternehmenskultur möchten Sie arbeiten?

Wichtig ist, dass Sie die Antworten auf die Fragen, die ja jeweils Teilaspekte Ihres Ziels betreffen, so genau und detailliert wie möglich formulieren. Manchmal bietet es sich auch an zu zeichnen.

BEISPIEL

Sie haben festgestellt, dass Sie, wenn Sie zukünftig Ihrer Kreativität mehr Raum geben wollen und nach und nach mit den von Ihnen erschaffenen Bildern auch Geld verdienen möchten, vor allen Dingen Ihre hippe, aber dunkle und für Ihre aktuellen Bedürfnisse schlecht geschnittene Wohnung im Szeneviertel gegen eine eintauschen müssen, in der Sie optimale Bedingungen für Ihr künstlerisches Schaffen haben:

Diese müssen Sie für sich genau definieren, bevor Sie sie finden können. Schreiben Sie dafür genau auf, was diese Wohnung ausmacht (alles, was Ihnen wichtig ist, wie z. B. viel Licht, ruhig gelegen, in einem Mehrfamilienhaus, großes Bad mit Fenster usw.), wo diese liegt, wie Ihre Nachbarn sein sollen. Zeichnen Sie den Grundriss Ihrer zukünftigen Wohnung auf und beschreiben Sie ganz genau, was Sie sehen, wenn Sie in die einzelnen Räume gehen, und wie die Aussicht sein sollte.

Schauen Sie sich jetzt an, was Sie ursprünglich spontan auf Ihren Wunschzettel geschrieben haben. Überprüfen Sie Ihr Wunschziel daraufhin, ob es mit den Punkten, die Sie in der Spontan-Liste erarbeitet haben, übereinstimmt. Wenn es keine Übereinstimmung gibt, überlegen Sie, warum Sie zwei unterschiedliche Ziele vor Augen haben:

- Erscheint Ihnen der erste, aus dem Stegreif genannte Wunsch unrealistisch, zu groß, zu weit entfernt oder mit zu großen Unsicherheiten oder Einbußen verbunden? Wenn das der Fall sein sollte, nehmen Sie es erst einmal so hin. Auf diesen Punkt kommen wir später in diesem TaschenGuide noch zurück (siehe das Kapitel »Nur ein Traum oder realisierbar?«).

- War das spontan genannte Ziel eines, das Sie schon lange als Idee mit sich herumtrugen, weil es Ihnen aus irgendeinem

Grund erstrebenswert erschien? Manchmal hat man sich an Vorbildern orientiert, eine inspirierende Geschichte im Kopf, die man selbst gerne erleben möchte usw. Vielleicht haben Sie jetzt festgestellt, dass diese Idee nicht Ihren Potenzialen entspricht und die Umsetzung Ihnen nicht die erhoffte Zufriedenheit und den ersehnten Erfolg geben würde. Vielleicht stimmte sie auch nicht mit Ihren Wertvorstellungen überein und Ihnen ist klargeworden, dass Sie diese Idee nur dann verwirklichen können, wenn Sie gegen Ihre Wertvorstellungen verstoßen würden.

Steht Ihr Ziel im Einklang mit Ihren Werten?

Wenn ein Ziel nicht im Einklang mit unseren Werten ist, dann werden wir unbewusst dagegen arbeiten und es damit langfristig nicht erreichen. Denn Werte bestimmen unser Handeln. Sie werden unter anderem von der jeweiligen Kultur (Religion, Moralvorstellungen usw.), der Gesellschaft, dem sozialen und dem familiären Umfeld (Erziehung) geprägt. Die individuellen Wertvorstellungen setzen sich zusammen aus unseren persönlichen Einstellungen, moralischen Richtwerten und Qualitätskriterien, nach denen man strebt, aber auch urteilt.

BEISPIEL

> Während der eine nach Reichtum strebt, sucht der andere sein Glück in Positionen, in denen er Macht ausüben kann. Wieder ein anderer ist vom Forschergeist beseelt und sucht Anerkennung für seine Leistung auf einem bestimmten Fachgebiet. Andere erfüllt es, wenn sie sich für Menschen in Not engagieren können.

Übung: Welche Werte sind für Sie wichtig?

Welche Werte treiben Sie an? Bringen Sie die in der folgenden Tabelle genannten Werte mithilfe von Ziffern in eine für Sie passende Rangfolge. Die 1 steht für den wichtigsten Wert, die 18 für den unwichtigsten. Hierbei gibt es kein Richtig oder Falsch. Jeder Mensch hat seine eigenen Wertvorstellungen. Wichtig ist nur, dass Sie sich darüber klarwerden, welche Werte für Sie Priorität haben.

Rang	Wert	Rang	Wert
XX	Anerkennung	—	Macht
X	Ehrlichkeit		Nachhaltigkeit
	Erfolg		Reichtum
	Familie		Selbstverwirklichung
—	Frieden	X X	Sicherheit
XX	Gerechtigkeit	—	Status
X	Gesundheit		Unabhängigkeit
	Liebe	X	Vergnügen
X	Mitgefühl	X	Zuneigung

Es gibt unzählige Werte. Fehlt ein Begriff, der Ihnen wichtig ist, sollten Sie ihn ergänzen und in Ihre Priorisierung miteinbeziehen.

Wenn Sie jetzt die von Ihnen priorisierten Werte betrachten, prüfen Sie doch einmal kritisch, ob diese sich in der Praxis gemeinsam »leben« lassen oder ob es Widersprüche zwischen ihnen, also Wertekonflikte, gibt.

BEISPIEL

Anna Schmidt hat die Werte »Selbstverwirklichung« und »Sicherheit« als praktisch gleichwertig auf ihrer persönlichen Werteskala eingestuft. Während allerdings die Selbstverwirklichung den Schritt aus der persönlichen Komfortzone heraus erfordert – mit sämtlichen damit verbundenen Risiken –, steht der Wert »Sicherheit« für ein Bewahren des Status quo und für die Vermeidung von Risiken – und damit für ein Verbleiben in der Komfortzone. Solange hier nicht einer der beiden Werte gegenüber dem anderen deutlich priorisiert wird, sind Veränderungen nur sehr schwer umzusetzen. Frau Schmidt wird sich als »Dienerin zweier Herren« fühlen und sich in ihrer Handlungs- und Entscheidungsfähigkeit blockiert sehen.

Was Wertekonflikte bewirken

Ein nicht sauber definiertes und priorisiertes Wertesystem kann den eigenen Erfolg behindern. Das ist beispielsweise der Fall, wenn jemand für unterschiedliche Rollen im Leben verschiedene Wertesysteme hat (z. B. Rolle als Privatperson und als Unternehmer/Vorgesetzter). Trotz des unterschiedlichen Verhaltens in den verschiedenen Rollen (in der Rolle des Ehemanns verhält man sich natürlich anders als ein Vater, als der Vorgesetzte und als der Vereinsvorstand), sollte das Wertesystem durchgängig dasselbe sein. Falls das nicht der Fall ist, wird man von anderen als nicht authentisch wahrgenommen und kommt vor allem auch mit sich selbst permanent in Konflikt.

Haben Sie Ihr Wertesystem priorisiert, ist es Zeit dafür zu überprüfen, welche Werte mit Ihrem Ziel kompatibel sind bzw. Sie auf Ihrem Weg dorthin unterstützen. Die Werte, die mit Ihrem

Ziel nicht oder nur schwer vereinbar sind, sollten Sie noch einmal überdenken. Sind Ihnen diese Werte sehr wichtig, sollten Sie Ihr Ziel überprüfen und ggf. neu definieren. Solange zwischen diesen Polen ein Konflikt besteht, sind Sie sowohl in Ihren Entscheidungen als auch in Ihren Handlungen blockiert.

BEISPIEL

Margitta Werner will ihren gutbezahlten Job als angestellte Immobilienmaklerin an den Nagel hängen und ein kleines Restaurant aufmachen. Sie hat schon immer gerne gekocht und verspricht sich davon, sich endlich selbstverwirklichen zu können. Was sie dabei übersehen hat: Ihr sind Status und Reichtum sehr wichtig. Beide Werte kann sie als Unternehmerin – zumindest vorerst – nicht mehr leben. Nach zwei Jahren gibt sie frustriert auf, schließt ihren Laden und arbeitet fortan wieder als Maklerin.

Müssen Sie – und wenn auch nur teilweise – gegen Ihr Wertesystem verstoßen, dann werden Sie Ihr Ziel gar nicht oder nur mit großen Schwierigkeiten erreichen. Unzufriedenheit und ein bitterer Beigeschmack sind die Folge.

Auf die richtige Formulierung kommt es an

Haben Sie Ihr Ziel nun klar vor Augen, sollten Sie sich die Zeit nehmen, es schriftlich auszuformulieren. Achten Sie dabei auf die folgenden Regeln.

- Formulieren Sie positiv (keine Verneinung, kein Vergleich).

- Schreiben Sie das Ziel im Präsens auf (nicht: »Ich werde einmal ein Buch über meine Kindheit schreiben.«, sondern: »Ich schreibe ein Buch über meine Kindheit.«).

- Vermeiden Sie den Konjunktiv (kein »würde, müsste, möchte, könnte«).

- Vermeiden Sie Einschränkungen und Bedingungen (kein »eigentlich, etwas, bisschen, mehr als, weniger als«).

> Sprache ist ein mächtiges Instrument: Ihre Worte formen Ihre Gedanken. Wenn Sie sich an diese Vorgaben halten, programmieren Sie sich selbst auf Erfolg. Mit Ihrer Formulierung setzen Sie sich Ziele ohne Wenn und Aber. Jeder benutzte Konjunktiv, jede Einschränkung schafft in Ihren Gedanken Platz für Zweifel.

Überprüfen Sie Ihr Ziel

Sie sind sich ziemlich sicher, dass Sie das für Sie richtige und erstrebenswerte Ziel definiert haben. Ziemlich sicher oder ganz sicher? Wenn Sie noch einen leisen Zweifel an der Richtigkeit Ihrer Zielsetzung haben, empfehlen sich die folgenden sehr einfachen, wenn auch durchaus zeitintensiven Übungen.

Übung 1: Schreiben

Schreiben Sie handschriftlich (so ist auch das Unterbewusstsein involviert) Ihre Erfolgsgeschichte auf. Das Thema: »So lebe ich, wenn ich mein Ziel erreicht habe!« Definieren Sie dazu bis ins kleinste Detail, wie Ihr Leben aussehen wird, wenn Sie Ihr Ziel erreicht haben. Beschreiben Sie dieses Leben ganz genau, achten Sie auch auf Ihre Gefühle, darauf, wie Sie sich dann sehen (»Ich nehme mich jetzt, nachdem ich mein Ziel erreicht habe, wie folgt wahr: ...«), wie andere Menschen zu Ihnen stehen und auf Sie reagieren (»Meine Freunde/Kollegen/Familie/Bekannte/Fremde reagieren auf mich jetzt, nachdem ich mein Ziel erreicht habe, so: ...«). Formulieren Sie alles in der Gegenwart. Beim Schreiben werden Sie klar erkennen, ob Sie dieses Ziel wirklich erreichen möchten:

- Wenn ja, werden Sie Ihre Geschichte flüssig, mit Elan und voller Vorfreude aufschreiben.

- Wenn nicht, werden Sie an irgendeinem Punkt nicht mehr weiterkommen. Dann sollten Sie unbedingt noch einmal an Ihrer Zieldefinition arbeiten.

Übung 2: Beobachten

Achten Sie auf Ihre Körpersprache, wenn Sie über Ihr Ziel und alles, was damit für Sie verbunden ist, sprechen. Sie ist ein wichtiger Indikator dafür, ob Sie hinter Ihrem Vorhaben stehen. Sie sind zwar in der Lage, mit der Kraft Ihrer Gedanken Ihre Worte zu steuern, Ihr Körper jedoch wird von Ihrem Unterbewusstsein gesteuert und ist damit nur wenig beeinflussbar. Er verrät, wie es wirklich um Ihre Überzeugung steht.

BEISPIEL

Sie erzählen in blumigen, positiven Worten von Ihrem Ziel, jedoch mit hängenden Schultern. Ihre Sprache und Ihre Körpersprache stimmen in diesem Fall nicht überein. Das ist ein sicheres Signal, dass etwas nicht stimmt.

Sie teilen Ihrem Partner mit, dass Sie endlich den Job wechseln werden und Sie sich sehr darauf freuen. Dabei fahren Sie sich unruhig durch die Haare und kneten dann Ihre Hände. Ihr Partner wird daraus Ihre Nervosität ableiten, nicht Ihre Vorfreude.

Nur ein Traum oder realisierbar?

Damit ein Ziel echte Chancen hat, realisiert werden zu können, sollte es unbedingt bestimmte Kriterien erfüllen. Welche das sind, ergibt sich aus der folgenden Tabelle.

Mein Ziel muss ...	Kontrollfragen
... sinnesspezifisch wahrnehmbar sein.	• Welche Gefühle und Emotionen möchte ich haben, wenn ich mein Ziel erreicht habe? • Woran genau werde ich den Erfolg erkennen? • Wie werde ich mich fühlen, wenn ich erste Erfolge feststelle?
... in den Gesamt-zusammenhang passen.	• In welcher Situation ziehe ich den größten Nutzen aus dem erreichten Ziel?
... präzise und messbar sein.	• Was/Wie viel möchte ich genau erreichen? • Wann möchte ich ... erreicht haben? • Woran werde ich meinen Erfolg erkennen? • Wie kann ich meinen Erfolg kontrollieren?

Mein Ziel muss ...	Kontrollfragen
... attraktiv sein.	• Freue ich mich und bin ich zufrieden, wenn ich das Ziel erreiche?
... von mir selbst erreichbar sein.	• Kann ich das aus eigener Kraft schaffen? • Warum glaube ich, dass ich es jetzt wirklich erreichen kann? • Was muss ich jetzt tun, um das Ziel zu erreichen?

BEISPIEL

Ina Müller hat schon des Öfteren festgestellt, dass sie in der Lage ist, sehr schnell komplexe Zusammenhänge bei Problemstellungen zu erkennen, zu analysieren und gute Lösungsvorschläge zu erarbeiten. Als Vereinsvorsitzende hat ihr diese Fähigkeit bereits viel Anerkennung eingebracht. Doch leider kann sie sie nicht in ihrem Job einsetzen. Ihre wenig anspruchsvolle Tätigkeit als Mitarbeiterin im Innendienst befriedigt sie immer weniger und sie geht mit mehr und mehr Widerwillen zur Arbeit. Ihr Ziel ist es, in den Außendienst zu wechseln, um dort Lösungen zu komplexen Problemstellungen beim Kunden zu erarbeiten. Sie verspricht sich davon, ihre Talente und Fähigkeiten besser einsetzen zu können.

Ina Müller definiert ihr Ziel und prüft es anhand der Tabelle auf Realisierbarkeit:

• **Was genau möchte ich erreichen (Ziel)?**
Meinen sicheren und mit vorhersehbaren Tätigkeiten verbundenen Job im Innendienst aufgeben und in eine mit Beratung verbundene Tätigkeit im Außendienst wechseln.

• **Woran genau werde ich den Erfolg erkennen?**
Ich arbeite jeden Tag mit unterschiedlichen Menschen und biete bei den verschiedensten Problemstellungen Unterstützung an. Ich erkenne direkt den Nutzen und bekomme die entsprechende Anerkennung durch die Kunden, aber auch durch meine Vorgesetzten.

• **Wie fühle ich mich, wenn ich erste Erfolge feststelle?**
Glücklich, frei und als kompetente Gesprächspartnerin anerkannt. Mein Selbstbewusstsein ist gestärkt.

- **In welcher Situation ziehe ich den größten Nutzen aus dem erreichten Ziel?**
  Wenn mich der zufriedene Kunde weiterempfiehlt.

- **Wann habe ich mein Ziel erreicht?**
  In kleinen Schritten: In drei Monaten melde ich mich freiwillig für die Mitarbeit auf der Messe. Bis Ende des Jahres habe ich an weiteren fünf Messen teilgenommen und meine Vorgesetzten davon überzeugt, dass sie mich für den direkten Kundenkontakt brauchen. Im nächsten Schritt bewerbe ich mich auf eine entsprechende Stelle. Ist das im Lauf des nächsten Jahres firmenintern nicht möglich, biete ich meine Fähigkeiten einem anderen Unternehmen an.

- **Wie kontrolliere ich meinen Erfolg?**
  Im Rahmen der Aufarbeitung der Messekontakte. Wie viele Kontakte hatte ich? Wo war echter Beratungsbedarf? Ist es zu einem Auftrag gekommen? »Durfte« ich den Kunden beraten, oder hat mein Vorgesetzter übernommen? Wird mir nach jeder Messe mehr Vertrauen geschenkt und mein Spielraum erweitert?

- **Warum glaube ich, dass ich es jetzt wirklich erreichen kann?**
  Mir ist bewusstgeworden, dass ich etwas ändern muss, da mich die augenblickliche Situation unzufrieden macht. Über die Jahre habe ich mir sehr viele Fachkenntnisse angeeignet, durch Gespräche mit Kunden viel Verständnis für deren Herausforderungen entwickelt und durch persönliche Weiterbildung die notwendigen Qualifizierungen erlangt, um diesen Schritt gehen zu können.

- **Was muss ich jetzt tun, um das Ziel zu erreichen?**
  Messedienste leisten, dort aktiv und erfolgreich sein, auf mein Selbstvertrauen bauen, Bereitschaft zur Übernahme von Verantwortung zeigen und neue Aufgaben annehmen.

Welche Auswirkungen hat das Ziel?

Sie haben Ihr Ziel definiert und es auf Realisierbarkeit überprüft. Nun ist es an der Zeit zu fragen, welche Auswirkungen dieses Ziel auf Ihr Leben haben wird. Wer solche Überlegungen nicht anstellt, bevor er sein Vorhaben in die Tat umsetzt, läuft Gefahr, seinen Entschluss später zu bereuen. Folgende Aspekte können hier relevant werden:

- Wenn Sie wegen der neuen Tätigkeit umziehen müssen, sollten Sie überlegen, ob Sie auch bereit sind, Ihr gewohntes Umfeld aufzugeben. Je größer die Entfernung zum ursprünglichen Wohnort sein wird, je schwieriger wird es, Kontakte in der gewohnten Form zu pflegen. Noch komplizierter wird es, wenn Sie eine Familie haben: Ist Ihr Partner bereit mit umzuziehen, oder steuern Sie eine Fernbeziehung an? Kommt für Ihre Kinder ein Schulwechsel infrage?

- Wenn Sie sich für eine Weiterbildung entscheiden, um sich für Ihren Traumjob zu qualifizieren, sollten Sie den Zeitaufwand und die finanziellen Folgen, die das hat, einkalkulieren: Können Sie es sich leisten, während der Weiterbildung Ihren Job aufzugeben? Oder kommt nur eine Weiterbildung abends nach der Arbeit in Betracht? Haben Sie noch genug Zeit für die Familie, Freunde und Hobbys?

- Wer den Sprung in die Selbstständigkeit wagen möchte, sollte sich vorab Hilfe von außen holen. Denn hier gibt es besonders viel zu klären: Wie wird das eigene kleine Unternehmen finanziert? Können Sie eventuell Fördermittel beantragen? Welche steuerlichen Folgen hat die Gründung? Wie vollziehen Sie am besten den Wechsel von Ihrem alten Job zur Selbstständigkeit? Es gibt Existenzgründerbüros, die darauf spezialisiert sind, Start-ups zu beraten. Auch die IHK oder die Handwerkskammern unterstützen bei allen Fragen rund um die Existenzgründung.

Es gibt unzählige Varianten der Neuorientierung. Ebenso variantenreich sind die Folgen, die sie haben kann.

Übung: Welche Auswirkungen hat mein Ziel?

Die folgende Übung hilft dabei, die Konsequenzen der Neuorientierung umfassend zu reflektieren.

Welche Einschränkungen muss ich auf mich nehmen, um das Ziel zu erreichen?

- Zeitlich:

- Finanziell:

- Sonstiges:

Welche Einschränkungen muss mein privates Umfeld auf sich nehmen?

- Familie:

- Freunde:

Wenn das Ziel erreicht ist	
1. Verluste	• Was verliere ich, wenn ich mein Ziel erreicht habe? • Was verliert mein privates Umfeld?
2. Gewinne	• Was gewinne ich, wenn ich mein Ziel erreicht habe? • Was gewinnt mein privates Umfeld?

Wenn das Ziel erreicht ist	
3. Folgen, falls das Ziel nicht erreicht wird	• Was passiert in meinem Leben, wenn ich mein Ziel nicht erreiche? • Was passiert im Leben meiner Familie und Freunde, wenn ich das Ziel nicht erreiche?
4. Folgen, wenn das Ziel erreicht wird	• Was passiert in meinem Leben, wenn ich das Ziel erreicht habe? • Was passiert im Leben meiner Familie und Freunde, wenn ich das Ziel erreicht habe?

Schenken Sie hier insbesondere den Aspekten »Verluste« und »Gewinn« möglichst viel Aufmerksamkeit. Denken Sie dabei unter anderem an Ihr persönliches Umfeld, an Ihre Lebenssituation und Ihren Lebensstandard.

BEISPIEL

Antje Schuster möchte nach der Kinderpause ihre Karriere als Anwältin wieder ankurbeln. Auf der Gewinnseite steht bei ihr: mehr finanzielle Sicherheit, Unabhängigkeit vom Partner. Auf der Verlustseite steht dagegen: weniger Zeit für die Kinder, mehr Stress bedingt durch viele Aufgaben, die unter einen Hut gebracht werden müssen, weniger Flexibilität in den Schulferien.

Wägen Sie die Gewinne und Verluste miteinander ab. Dabei können Ihnen die folgenden Fragen helfen:

• Überwiegt dasjenige, was Sie gewinnen, das, was Sie verlieren?

• Ist der Preis für das Ziel zu hoch oder der Weg dahin zu schwer?

• Welchen Verlust wollen Sie auf keinen Fall erleiden?

- Können Sie die Verluste aushalten? Kann Ihr privates Umfeld das auch?
- Ist es zu riskant, das Ziel anzusteuern?

Überlegen Sie gemeinsam mit Ihrer Familie, Freunden und vertrauten Kollegen, um die Abwägung aus mehreren Perspektiven vornehmen zu können.

Welche Ihrer Potenziale unterstützen das Ziel?

Listen Sie jetzt so detailliert wie möglich auf, welche Potenziale Sie zur Umsetzung Ihres Ziels benötigen – unabhängig davon, ob Sie diese an sich erkannt haben oder nicht.

- Welche Talente?
- Welche Kenntnisse und Fähigkeiten?
- Welche Kompetenzen?
- Welche Persönlichkeitsmerkmale?

Priorisieren Sie anschließend die Merkmale: Welche sind für die Zielerreichung unverzichtbar; welche sind nur nice to have?

BEISPIEL

Das Ziel: vom angestellten Koch in die Selbstständigkeit als Restaurantbesitzer.

Förderliche Talente und Persönlichkeitsmerkmale: Organisations- und Durchsetzungsfähigkeit, Zielstrebigkeit, Zuverlässigkeit, Kreativität

Förderliche Kenntnisse und Fähigkeiten: z. B. exzellente Kochkünste, Wissen um gesetzliche Bestimmungen (Lebensmittelverordnung,

Bedingungen für den Erhalt einer Konzession, Umweltbestimmungen usw.), BWL-Kenntnisse

Förderliche Kompetenzen: z. B. Mitarbeiterführung (Küchenteam, Serviceteam), Menschenkenntnis (Auswahl der Mitarbeiter), Marktkenntnis (Warenpreise und -qualität, Wettbewerbssituation, eigene Platzierung am Markt, geeignete Lieferanten)

Nehmen Sie jetzt den Wachstumsbaum zur Hand. Prüfen Sie, welche dieser Potenziale auch im Baum gelistet sind. Alle übereinstimmenden Potenziale sind Ihre Basis für die Erreichung des Ziels. Widmen Sie diesen Ihre Aufmerksamkeit. Nutzen Sie jede Möglichkeit, die sich Ihnen bietet, sie zu fördern und zu stärken. Je mehr Übereinstimmungen Sie haben, desto leichter und motivierter werden Sie bei der Umsetzung agieren.

Was fehlt Ihnen noch?

Finden Sie bei diesem Abgleich auch Potenziale, die nicht in Ihrem Wachstumsbaum vorhanden sind, setzen Sie diese auf eine Fehlliste.

Relativ unproblematisch ist es meist, wenn Sie noch nicht über die notwendigen Fachkenntnisse verfügen. Auch wenn das im Einzelfall kosten- und zeitintensiv sein kann: In geeigneten Lehr- oder Studiengängen können Sie sich dieses Wissen aneignen. Definieren Sie, was genau Sie an Fachkenntnissen benötigen. Formulieren Sie dafür ein Etappenziel, für das wieder die Kriterien für realisierbare Ziele gelten (siehe das Kapitel »Nur ein Traum oder realisierbar?«). Denken Sie daran, den zeitlichen

Rahmen und den finanziellen Aufwand für die Erreichung dieses Zwischenziels festzulegen.

BEISPIEL

> Für den Koch, der sich selbstständig machen will, kann ein Kurs zu betriebswirtschaftlichen Themen (Buchhaltung, Geschäftsführung usw.) sinnvoll sein, wie er von vielen Institutionen angeboten wird.

Schwieriger ist es, wenn Ihnen ein Talent oder ein bestimmtes Persönlichkeitsmerkmal fehlt. An welcher Stelle steht es in Ihrer Prioritätenrangfolge? Ist es unverzichtbar oder können Sie es kompensieren? Prüfen Sie dazu, ob Sie das eine oder andere fehlende Potenzial eventuell »einkaufen« können (z. B. durch Einstellung eines geeigneten Mitarbeiters, durch das Outsourcen bestimmter Aufgaben an einen Dienstleister). Geben Sie nicht der Versuchung nach, es einfach selber zu probieren. Konzentrieren Sie sich auf Ihre Stärken, nicht auf Ihre Schwächen.

Seien Sie ehrlich zu sich selbst. Alles, was Sie bereits bei der Planung des Vorhabens berücksichtigen, kann Sie auf dem Weg zum Ziel nicht mehr überraschen und scheitern lassen.

Erstellen Sie einen konkreten Plan

Schreiben Sie jeden Schritt auf, der auf dem Weg zu Ihrem Ziel notwendig ist. Überlegen Sie, ob Sie bei der einen oder anderen Aufgabe Unterstützung benötigen und von wem diese Hilfestellung kommen könnte.

Versehen Sie jede Aufgabe mit einem konkreten Datum, zu dem sie erledigt sein sollte. Welche Termine und welche Zeitfenster müssen Sie beachten (Kündigungszeiten, Termine für notwendige Weiterbildungen, notwendige Zeit für das Einholen behördlicher Genehmigungen usw.)? Planen Sie immer wieder auch Ruhephasen ein, wenn Sie ein besonders schwieriges und anstrengendes Vorhaben angehen wollen. Wer viel Energie investiert, braucht auch Zeiten, in denen er wieder Kraft tanken kann.

Mein Plan		
Ziel: ...		
To-do	Zu erledigen von ... bis ...	Erledigt

Auf einen Blick: Optimale Vorbereitung auf den Neustart
▪ Viele Potenziale sind ganz offensichtlich. Wir kennen sie ganz genau. Es gibt aber auch solche, die uns bisher verborgen geblieben oder im Lauf der Zeit in Vergessenheit geraten sind. Das Forschen nach diesen Schätzen lohnt sich. Vielleicht entdecken wir so wertvolle Ressourcen für unseren künftigen Berufsweg.
▪ Wer sich darüber bewusst ist, was er kann und wie einzigartig er ist, entwickelt mehr Selbstvertrauen. Und das ist besonders wichtig in beruflichen Umbruchsituationen.
▪ Nur derjenige, der sein Ziel kennt, weiß, welchen Weg er dorthin nehmen muss. Je präziser und passender Sie Ihr berufliches Ziel definieren und planen, desto eher werden Sie es erreichen.

Schritt für Schritt zum neuen Job

Wer auf dem Weg zum neuen Job nicht stolpern will, sollte sein Ziel fest vor Augen haben und einen Schritt nach dem anderen tun.

In diesem Kapitel erfahren Sie u. a., wie Sie

- Hindernisse aus dem Weg räumen,
- gut durchstarten,
- Ihren Plan in die Tat umsetzen.

Hindernisse aus dem Weg räumen

Sie haben Ihr neues berufliches Ziel vor Augen, Sie verfügen über einen Plan und wissen, dass Sie es schaffen können. Und trotzdem zögern Sie loszulegen? Keine Sorge, damit sind Sie nicht allein.

Eigentlich sollte man meinen, dass jeder Mensch bestrebt wäre, sich seiner eigenen Potenziale bewusst zu werden, diese aktiv in seinem Berufs- und Privatleben zu nutzen und die eigenen Lebensziele entsprechend danach auszurichten. Es gibt allerdings einige durchaus nachvollziehbare Beweggründe, warum die meisten Menschen genau dies nicht tun:

- Sie haben Angst vor Veränderungen und dem Unbekannten.
- Sie scheuen die Auseinandersetzung mit der eigenen Persönlichkeit.
- Sie meiden die Anstrengung und die Mühe, die es kostet, diese Ziele zu verfolgen.
- Ihr Umfeld bremst sie oder hält sie davon ab.

Hindernis Nr. 1: die Komfortzone

Überlegen Sie: Wie viele Menschen kennen Sie, die sich immer wieder über ein und dieselbe Situation beschweren? Von wie vielen dieser Menschen wissen Sie, dass sie aktiv an einer Änderung dieser Situation arbeiten, und bei wie vielen Menschen gehen Sie davon aus, dass Sie auch noch Jahre später dieselben Klagen hören werden?

Richten Sie dann Ihren Fokus auf sich selbst: Beklagen auch Sie sich immer wieder über dieselbe Situation? Arbeiten Sie bereits aktiv daran, diese zu verändern? Oder finden Sie immer wieder Gründe und Ausreden, warum Sie alles so belassen, wie es ist?

Haben Sie sich ertappt? Verlassen Sie sich darauf: Sie sind nicht allein. Vertrautes und Gewohntes geben uns ein Gefühl der Sicherheit. Schätzungen zufolge leben ca. 92 Prozent der Menschen innerhalb ihrer jeweiligen Komfortzone. Das heißt, sie bewegen sich in einem Umfeld, das ihre physiologischen und sozialen Bedürfnisse sowie ihr Bedürfnis nach Sicherheit befriedigt. In der Komfortzone ist Vertrautes, Gewohntes und Sicheres. Außerhalb dieser Zone ist das Unbekannte und Neue. Es birgt Gefahren, die wir nicht kennen, aber auch Chancen, die wir nutzen können. Während wir in unserer Komfortzone sicher, aber ziemlich ereignislos leben, bieten sich außerhalb Entwicklungsmöglichkeiten.

Es gibt Situationen, die uns förmlich aus unserer Komfortzone herauskatapultieren: Arbeitslosigkeit, ein Unfall oder eine schwere Krankheit, das Scheitern einer Beziehung. Dann sind wir gezwungen, uns anders zu orientieren. In allen anderen Fällen müssen wir uns selbst dazu motivieren, einen Schritt aus unserer Komfortzone hinaus zu wagen. Das ist gar nicht so leicht.

Übersicht: Gefühle und Chancen innerhalb und außerhalb der Komfortzone	
Innerhalb der Komfortzone	**Außerhalb der Komfortzone**
• Geborgenheit • Sicherheit • Bequemlichkeit • Ordnung • Routine • Erfolgsmöglichkeiten: begrenzt auf die Zone	• Unsicherheit • Risiko • Action • Unübersichtlichkeit • Herausforderungen • Erfolgsmöglichkeiten: unbegrenzt
Weitgehend stabile Emotionen	Starke Emotionen von »zu Tode betrübt« bis hin zu »himmelhoch jauchzend«
Entwicklungs- und Wachstumsmöglichkeiten eingeschränkt	Entwicklungs- und Wachstumsmöglichkeiten nicht eingeschränkt

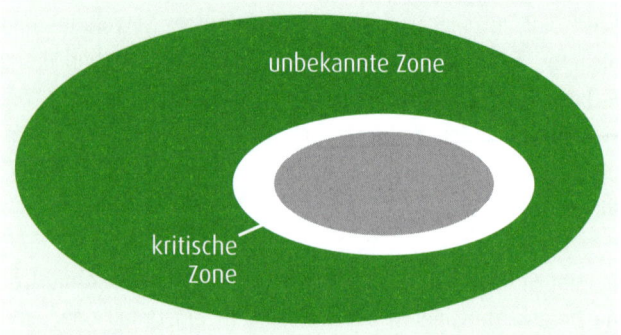

Die Komfortzone

Um geplante Veränderungen auch wirklich einleiten und realisieren zu können, müssen wir die Komfortzone verlassen. Das erfordert Mut sowie eine gewisse Risikobereitschaft. Bei der

Frage, ob wir den Schritt hinaus aus dem Vertrauten und Gewohnten wagen sollten, gibt es kein Richtig oder Falsch. Letztendlich muss jeder Mensch sich genau überlegen, was er im Leben erreichen will, wie er sein Leben gestalten will und welche Prioritäten er setzt. Diese Entscheidung kann ihm niemand abnehmen.

BEISPIELE

Fokus auf Sicherheit: Der Sohn eines bekannten und erfolgreichen Rechtsanwalts hat eine große Leidenschaft: Architektur. Als er sich für ein Studium entscheiden muss, hat er die Erfolgsstory seines Vaters vor Augen. Gleichzeitig warnt ihn seine Familie vor der unsicheren beruflichen und finanziellen Zukunft von Architekten. Also studiert er Jura, um später die Kanzlei des Vaters zu übernehmen.

Fokus auf Sicherheit und Routine: Eine junge Frau arbeitet als Sachbearbeiterin in einem renommierten Unternehmen. Sie beklagt sich bei ihrem Umfeld ständig über das schlechte Arbeitsklima, über die vielen Überstunden und die langweiligen Aufgaben. Eine Bekannte macht sie darauf aufmerksam, dass eine Freundin von ihr auswandert. Diese Freundin hat eine ähnliche Ausbildung und arbeitet in einem Unternehmen, in dem die Mitarbeiter ihre Arbeitszeit sehr flexibel gestalten können und in dem ein sehr gutes Betriebsklima herrscht. Sie schlägt ihr vor, sich dort auf die frei werdende Stelle zu bewerben. Die junge Frau bewirbt sich jedoch nicht, weil sie sich mit zu vielen neuen, unsicheren Aspekten auseinandersetzen müsste: Probezeit, andere Kollegen, Arbeitsbedingungen und Aufgaben, anderer Arbeitsweg.

Fokus auf neuer Herausforderung: In ihrer Elternzeit wird Sabine Müller mehr und mehr bewusst, dass sie nicht mehr in ihren alten Job als Marketingassistentin zurückkehren will. Gemeinsam mit einer anderen Mutter, die sie im Kindergarten ihres Sohnes kennengelernt hat, beschließt sie, ein Mutter-Kind-Café zu eröffnen. Sie weiß, dass das sowohl finanziell als auch organisatorisch sehr schwer werden wird. Da sie aber vor ihrer Schwangerschaft so gelangweilt von ihrem alten Job war, wagt sie den Sprung ins Risiko.

Fokus auf Entwicklungschancen: Im Europa des 18. und 19. Jahrhunderts sahen viele Menschen keine Perspektive für sich und ihre Familien. Sie hatten ein Dach über dem Kopf, aber keine Entwicklungsmöglichkeiten und nur wenig Freiheiten. Einige von ihnen verließen ihre Heimat und damit ihre Komfortzone und wanderten aus. Erst durch diesen drastischen Schritt in eine unsichere Zukunft war es überhaupt möglich, ihr Leben zu verändern. Auch wenn es in unserer Zeit oft schon ausreichte, den Arbeitgeber, die Branche oder die Region zu wechseln, um neue Entwicklungschancen zu haben, machen viele Menschen heutzutage einen radikalen Schritt und entscheiden sich zur Auswanderung, um völlig neu zu starten.

Definieren Sie die Reichweite der Komfortzone: Bedürfnisse

Ein entscheidender Aspekt, der Menschen dazu veranlasst, in der Komfortzone zu verbleiben bzw. diese zu verlassen, liegt in ihren Bedürfnissen. Der US-amerikanische Psychologe Abraham Maslow hat in seiner »hierarchischen Ordnung der Werte« beschrieben, wonach Menschen zu welchen Zeitpunkten streben.

Die unteren drei Stufen der Pyramide bilden die sog. Defizitbedürfnisse ab, während die oberen beiden Stufen die Wachstumsbedürfnisse darstellen.

Was hat das aber mit der oben beschriebenen Komfortzone zu tun? Bevor ein Mensch nach der Erfüllung seiner Wachstumsbedürfnisse strebt, müssen erst seine Defizitbedürfnisse erfüllt sein. Sind diese erfüllt, fühlen sich viele Menschen bereits sicher und wohl und richten sich entsprechend in ihrer Komfortzone ein. Jeder Schritt in Richtung der Befriedigung des Anerkennungsbedürfnisses und der Selbstverwirklichung bedingt den Schritt hinaus aus der eigenen Komfortzone.

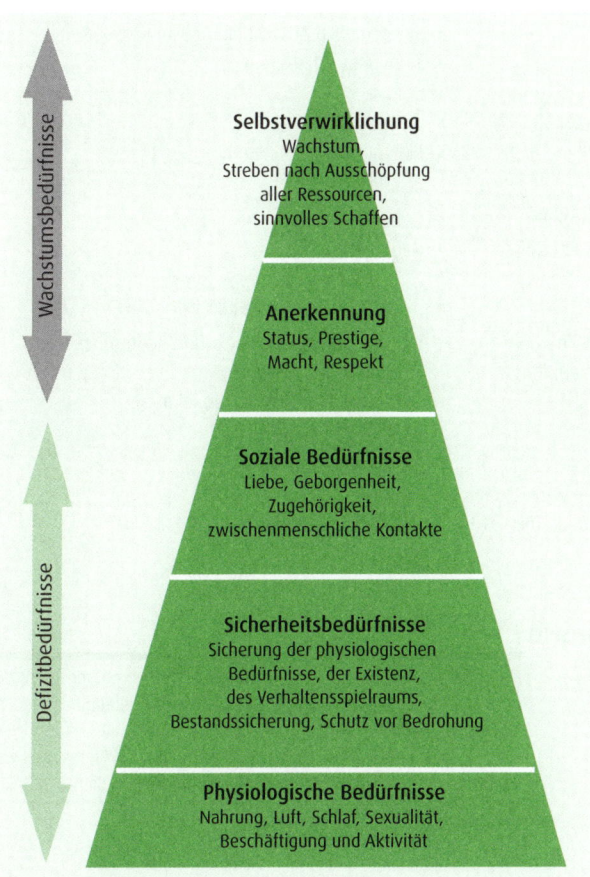

Die Bedürfnispyramide (nach Abraham Maslow)

Hierarchische Ordnung der Werte (nach Maslow)	
Selbst-verwirklichung	• Wachstum • Entwicklung neuer Ziele • Streben nach Ausschöpfung aller Ressourcen • Sinnvolles schaffen
Anerkennungs-bedürfnis	• Status • Prestige • Macht • Respekt
Soziale Bedürfnisse	• Liebe • Geborgenheit • Zugehörigkeit • Zwischenmenschliche Kontakte
Sicherheits-bedürfnisse	• Sicherung der physiologischen Bedürfnisse • Sicherung der Existenz • Sicherung des Verhaltensspielraums • Bestandssicherung • Schutz vor Bedrohung
Physiologische Bedürfnisse	• Nahrung, Luft • Schlaf • Sexualität • Beschäftigung und Aktivität

BEISPIEL

Eine Beförderung, die einhergeht mit der Übernahme von mehr Verantwortung, verstärkter Reisetätigkeit und sehr unregelmäßigen Arbeitszeiten bedeutet einen Schritt aus der Komfortzone. Gleichzeitig führt sie zu mehr Einfluss, Macht und einem höheren Status, was wiederum der Befriedigung von Wachstumsbedürfnissen dient.

Die Ansprüche an die jeweilige Befriedigung der Bedürfnisse sind individuell verschieden, was sowohl abhängig von der jeweiligen Kultur, dem sozialen Umfeld als auch den eigenen Wertvorstellungen ist. Menschen, die bestrebt sind, ihre Wachstumsbedürfnisse zu befriedigen, setzen sich in der Regel immer wieder neue Ziele und verlassen ihre Komfortzone, die sie mit jedem erreichten Ziel erweitern. Damit steigen auch permanent die Ansprüche an die Befriedigung der eigenen Bedürfnisse.

Das bedeutet nicht unbedingt auch, dass sich die Ansprüche an die Befriedigung der Defizitbedürfnisse ständig erhöhen. Oft genug ist für den jeweiligen Menschen ein Standard erreicht, an dessen Steigerung er kein Interesse mehr hat.

BEISPIEL

Jakob Schultz hat einen festen Job. Mit seinem Gehalt finanziert er seine Wohnung, sein Essen und sein Auto. Seit vielen Jahren ist er glücklich verheiratet. Er hat seine Defizitbedürfnisse für sein Empfinden befriedigt. Anerkennung und Selbstverwirklichung findet er im Sport. Er trainiert hart und empfindet Befriedigung mit jedem errungenen Sieg.

Anders Mark Müller, der eine ähnliche Ausgangssituation wie Herr Schultz hat, aber Anerkennung und Selbstverwirklichung über seinen Beruf sucht. Er strebt nach Erfolg und damit verbunden nach Status. Mit jeder Befriedigung eines Wachstumsbedürfnisses (z. B. Gehaltserhöhung), steigen auch die Ansprüche an seine Defizitbedürfnisse (z. B. bessere, sichere Wohngegend, größere Wohnung usw.).

Und Sie? Fragen Sie sich, ob Sie sich in einer Situation befinden, die mit einem für Sie nicht befriedigten Wachstumsbedürfnis zusammenhängt, und ob Sie, um etwas ändern zu können, Ihre Komfortzone verlassen müssen.

Raus aus der Falle – aber nur mit Plan

Während viele Menschen aus Angst vor dem Unbekannten ihre Komfortzone nicht verlassen und jede Veränderung scheuen, gibt es auch das andere Extrem: diejenigen, die spontan und unüberlegt aufgrund von starken negativen Emotionen wie Ärger, Frust, Wut, Verzweiflung ihre Komfortzone verlassen. Hier besteht ein hohes Risiko des Scheiterns.

BEISPIEL

Anja Schmidt ist mit ihrer Situation am Arbeitsplatz vollkommen unzufrieden. Sie sieht keine Perspektive, muss sich jeden Morgen erneut zur Arbeit quälen und kommt jeden Abend genervt und mit schlechter Laune nach Hause. Sie klagt Freunden und Bekannten ihr Leid, setzt sich aber nicht mit möglichen Strategien auseinander, ihre berufliche Situation zu verbessern. Stattdessen kündigt sie spontan, als sie wieder etwas im Job erlebt, das sie als ungerecht und erniedrigend empfindet.

Sie hat sich mit der Kündigung zwar entschieden, ihre Komfortzone zu verlassen, weiß aber noch nicht, wovon sie zukünftig leben soll. Damit hat sie sich in eine Lage gebracht, in der sie sich selbst unter enormen Druck setzt. Statt sich auf die Befriedigung ihrer Wachstumsbedürfnisse zu konzentrieren, muss sie sich jetzt vorrangig um die Befriedigung ihrer Defizitbedürfnisse kümmern: Sie muss ihre Existenz sichern.

Ihr Weg aus der Komfortzone

Mit jeder Veränderung lassen wir ein Stück Gewohntes und Vertrautes hinter uns. Das bedeutet gleichzeitig aber auch, dass wir unsere Komfortzone erweitern. Wer den ersten Schritt hinaus ins Fremde macht und gewillt ist, sich mit dem Ungewohnten und neuen Herausforderungen auseinanderzusetzen, gewinnt einen größeren Aktionsradius und erweitert damit den eigenen Horizont und die eigenen Möglichkeiten.

Wie sieht Ihre ganz persönliche Komfortzone aus?

Nun sind Sie an der Reihe. Definieren Sie Ihre ganz persönliche Komfortzone:

- Wann fühlen Sie sich wohl und absolut sicher?

- Mit welchen Menschen?

- An welchen Orten?

- Mit welchen Aufgaben?

- Welche Rolle nehmen Sie gerne ein, wenn Sie sich sicher und wohl fühlen?

Die Grenze Ihrer Komfortzone liegt dort, wo Sie beginnen, sich unsicher zu fühlen, wo Sie nicht mehr genau einschätzen können, ob Sie auf Ihr Umfeld so reagieren, wie es erwartet wird, wo Sie auf Fremdes stoßen.

BEISPIEL

Nora Meier ist Controllerin. Wenn es um das Ausfüllen von Excel-Listen mit Zahlenkolonnen geht oder um das Ermitteln von Kennzahlen, fühlt sie sich sicher und kompetent. Niemand ist besser als sie, wenn Zahlen aufbereitet werden sollen. Soll sie die Ergebnisse ihrer Arbeit jedoch im monatlichen Jour fixe präsentieren, bricht ihr allein schon beim Gedanken daran der Angstschweiß aus. Sie bittet daher regelmäßig ihren Kollegen darum, sie im Meeting zu vertreten. Er redet gerne und präsentiert ihre Ergebnisse gekonnt. Die Folge: Bei jeder Beförderung wird Nora zu ihrem eigenen Ärger übergangen, da niemand sieht, was sie alles im Hintergrund leistet. Solange sie keinen Schritt aus ihrer Komfortzone hinaus macht, indem sie sich ihren Ängsten in Trainings, Übungen im privaten Umfeld usw. stellt, wird sich das nicht ändern.

Was reizt Sie außerhalb Ihrer Komfortzone?

Das, was außerhalb der eigenen Komfortzone liegt, ist das Fremde, das mehr oder weniger Unbekannte – Mutige werden sagen: das Abenteuer, die Chancen zur eigenen Entwicklung, die Entdeckungen. Überlegen Sie einmal, was Sie ganz persönlich an dem Schritt raus aus Ihrer Komfortzone reizt. Motive dafür gibt es unzählige, vor allem, wenn Sie ein berufliches Ziel vor Augen haben, das genau Ihren Potenzialen entspricht, in dem Sie sich und Ihre Fähigkeiten, Talente einbringen können. Hier ein paar Beispiele:

- weniger Routine und Langeweile,

- mehr Anerkennung durch andere,

- mehr Wissen,

- weniger Stress und Druck,

- mehr Zeit für die Familie oder Hobbys,

- ein höheres Einkommen.

Für welche Änderungen müssten Sie Ihre Komfortzone verlassen?

Überlegen Sie,

1. wann und wo genau Sie sich aus Ihrer Komfortzone heraus begeben müssten, um Ihr Ziel zu erreichen,

2. den genauen Grund, weshalb Sie diesen Schritt machen müssen,

3. was schlimmstenfalls passieren könnte.

Vorhaben	Grund	Erste Schritte	Risiken
Neues Netzwerk nötig	- Neue Impulse bekommen - Unterstützer bei der Erreichung meines Ziels finden	- Veranstaltungen besuchen, wo sich diese Menschen treffen - Aktiv die Kontakte suchen	- Eigene Unsicherheit in der ungewohnten Umgebung, verbunden mit unpassendem Verhalten - Ablehnung durch diese Personen
Anderer Lebensrhythmus	Im neuen Job werden Sie extrem abhängig von den Arbeitszeiten der Kunden sein	Wochenenden oder Urlaub für erste Tests nutzen	- Totales Missfallen - Kritik seitens des privaten Umfeldes

Vorhaben	Grund	Erste Schritte	Risiken
Andere Umgebung	Ihre gewünschte Tätigkeit ist mit vielen Reisen und längeren Aufenthalten an für Sie fremden Orten verbunden.	Testen Sie im Rahmen eines kurzen unbezahlten Sabbaticals eine völlig fremde Umgebung und Ihre Fähigkeit, sich dort längerfristig einzuleben.	• Totales Gefühl des Fremdseins • Verlust des Selbstbewusstseins • Orientierungslosigkeit • Hilflosigkeit • Identitätsverlust • Ablehnung durch die Einheimischen
Andere finanzielle Rahmenbedingungen	• Geringere Einkünfte • Unregelmäßige Einkünfte aus selbstständiger Tätigkeit	• Rücklagen bilden. • Überlegen Sie, wie viel Sie verdienen würden, und versuchen Sie bereits jetzt auf dem Niveau zu leben.	• Das Geld reicht nicht und ich muss meine Wohnung und mein Auto aufgeben.

Egal, was Sie für sich herausfinden, wichtig sind immer die folgenden drei Schritte:

1. Erkennen Sie die Grenzen der eigenen Komfortzone.

2. Erkennen Sie, dass es notwendig ist, für Ihr Vorhaben die Komfortzone zu verlassen.

3. Wagen Sie den Schritt hinaus – und sei es zunächst nur als Test.

Möglichkeiten, den ersten Schritt im Testmodus zu machen, gibt es viele. Hier bieten insbesondere ehrenamtliche Tätigkeiten, die sich gut neben der normalen Arbeit in der Freizeit erledigen lassen, vielfältige Möglichkeiten. Von der Pressearbeit für eine Bürgerinitiative über die Arbeit mit Kindern, Senioren, Flüchtlingen bis hin zu einem Auslandseinsatz im Urlaub über Hilfsorganisationen ist fast alles möglich.

Natürlich sollte niemand erwarten, sich beim ersten Schritt aus der Komfortzone hinaus direkt »zu Hause« und sicher zu fühlen. Man befindet sich eben »außerhalb«. Entscheidend ist, ob man sich auf das Neue, das Ungewohnte, das Fremde einlassen will und letztendlich kann.

Hindernis Nr. 2: falsche Antreiber

Sie sind mit Ihrem derzeitigen Berufsleben nicht zufrieden und möchten sich neu orientieren. Bevor Sie das aktiv angehen können, sollten Sie jedoch noch einmal kurz den Blick in die Vergangenheit richten.

Fragen Sie sich, welche Faktoren ausschlaggebend für Ihre bisherige berufliche Wahl waren, was Sie dazu motiviert und veranlasst hat, das zu tun, was Sie jetzt ändern möchten. Solche inneren Antreiber können nützlich sein, da sie uns in Bewegung bringen. Sie können jedoch auch Hindernisse auf dem Weg zu einem neuen beruflichen Ziel sein, wenn sie zu stark wirken oder in die falsche Richtung führen.

Beispiele für solche Motivatoren und inneren Antreiber sind:

- Es muss alles perfekt sein.
- Es muss alles möglichst sicher sein.
- Mach es allen recht!
- Du musst stark sein!

Nur wenn Sie sich dieser Faktoren bewusst sind und ausschließen können, dass sie weiter unkontrolliert in Ihnen fortwirken, können Sie etwas verändern. Es geht hier darum, »alte Zöpfe abzuschneiden«, um unbelastet in die Zukunft gehen zu können.

Um solche falschen Antreiber zu identifizieren, helfen Ihnen die folgenden Fragen:

- Warum habe ich die alte Tätigkeit gewählt? Was waren meine Motive?
- Was wollte ich mit dem, was ich tue, erreichen?
- Wer hat davon einen Nutzen?
- Welches und wessen Bedürfnis wollte ich damit befriedigen?
- Wer oder was hat mich bis heute daran gehindert, eine Tätigkeit auszuüben, die meinen eigenen, individuellen Potenzialen entspricht?

Vielleicht stellen Sie fest, dass Sie bisher sehr viel Energie für Tätigkeiten aufgewendet haben, die ausschließlich der Befriedigung der Interessen anderer Menschen dienten. Durchbrechen Sie dieses Muster – jetzt sind Sie dran!

BEISPIEL

> Lars Müller wohnt mit seiner Frau in einem großen Einfamilienhaus. Die Kinder arbeiten mittlerweile in anderen Städten und sind nicht mehr auf finanzielle Unterstützung angewiesen. Lars kommt ins Grübeln: Bisher war sein ganzes Leben davon bestimmt, mit seinem Beruf ein sicheres Einkommen für seine Familie zu garantieren. Er hat dieses Sicherheitsdenken so verinnerlicht, dass er seine Karriere allein daran ausgerichtet hat. Wenn er ehrlich ist, macht ihm sein derzeitiger Job gar keinen Spaß – das einzige, was daran stimmt, ist das Gehalt. Ihm wird bewusst, dass die finanzielle Absicherung als Antreiber in seinem Leben gar keine Rolle mehr spielen muss. Mit diesem Bewusstsein stürzt er sich voller Freude in seine »zweite Karriere«, wie er es nennt: Er macht sich als Coach selbstständig.

Hindernis Nr. 3: einschränkende Glaubenssätze

Einschränkende Glaubenssätze sind Überzeugungen, mit denen wir praktisch alle unbewusst leben und denen wir gestatten, Einfluss auf unsere Handlungen und Entscheidungen zu nehmen. So haben wir z. B. die Aussagen von uns nahestehenden Personen (Familie, Freunden) und Autoritätspersonen (Eltern, Großeltern, Lehrern, Vorgesetzten usw.) verinnerlicht. Oft ist das schon im Kindesalter passiert. Viele dieser Aussagen hatten damals sicher eine gewisse Berechtigung, waren aus Sicht der betreffenden Person gut gemeint und sollten uns schützen. Nie hinterfragt und nach wie vor unbewusst gültig, schränken uns jedoch genau diese Überzeugungen in unserem Denken und Handeln später im Leben oft extrem ein.

BEISPIEL

Handwerkliche Tätigkeiten sind nichts für Mädchen.

Wer alle Aufgaben ohne Widerrede oder Diskussion ordentlich und fleißig erledigt, macht Karriere.

Um als Mensch wertvoll zu sein, muss ich jedem helfen, der irgendwie Hilfe braucht.

Wenn ich jemanden um Hilfe bitte, ist das ein Zeichen von Schwäche.

Ich bin nicht sportlich (kreativ, musikalisch, ...).

Übung: Glaubenssätze identifizieren und entkräften

- Stellen Sie eine Liste derjenigen Glaubenssätze zusammen, die Ihr Leben bisher beeinflusst haben.

- Notieren Sie für jeden einzelnen Glaubenssatz, der Sie in irgendeiner Form einschränkt, von wem Sie ihn übernommen haben und ob diese Person nach wie vor den Einfluss auf Sie hat, dass Sie weiterhin mit diesem Glaubenssatz leben.

- Halten Sie fest, welche Einschränkungen für Sie mit diesem Glaubenssatz verbunden sind und was Sie diese Einschränkungen (am Tag) kosten (z. B. Zeit, Konfliktsituationen, verpasste Chancen).

- Schreiben Sie auf, was die langfristigen Folgen für Sie sein werden, wenn Sie sich dieses Glaubenssatzes nicht entledigen.

- Arbeiten Sie für jeden Glaubenssatz, der Sie einschränkt, heraus, wieso es keinen Sinn macht, sich in dieser Form einzuschränken.

Hindernis Nr. 4: mangelndes Selbstvertrauen

Der Weg in eine berufliche Neuorientierung ist kein leichter. Um ihn gehen zu können, benötigen Sie Vertrauen in sich selbst: Selbstvertrauen. Es ist erstaunlich, wie viele Menschen erhebliche Selbstzweifel haben und mit sich hadern – eine denkbar schlechte Voraussetzung, um Veränderungen anzupacken, die Selbstvertrauen und Mut voraussetzen. Sie sind allein auf die Welt gekommen und werden diese allein wieder verlassen. Wäre es nicht durchaus sinnvoll, wenn Sie sich dazwischen mit Ihrem Selbst anfreundeten?

Nehmen Sie sich selber so an, wie Sie sind? Nicht oder nur bedingt? Kein Mensch ist in allen Aspekten perfekt. Wichtig ist es, die eigenen Stärken, die Potenziale und Einzigartigkeit zu erkennen, zu schätzen und sich selbst zu vertrauen.

> Konzentrieren Sie sich nicht auf das, was Ihnen an sich selbst nicht perfekt erscheint. Stärken Sie stattdessen das, was Sie der Welt zu bieten haben: Ihre individuellen Potenziale und Ihre Einzigartigkeit!

Die folgende Übersicht zeigt in der linken Spalte typische Verhaltensweisen von Menschen, die sich selbst akzeptieren und wertschätzen. In der rechten Spalte ist das entsprechende Verhalten bei fehlender Selbstakzeptanz notiert.

Verhalten bei Selbstakzeptanz	Verhalten bei fehlender Selbstakzeptanz
Selbstbewusst auftreten; das einfordern, was einem zusteht	Bescheiden auftreten, weniger akzeptieren, als einem zusteht
Die eigenen Erfolge selbst anerkennen	Die eigenen Erfolge kleinreden
Den eigenen Weg kennen und ihn selbstbewusst gehen Das eigene Ziel nie aus den Augen verlieren	Die eigenen Pläne und Ziele solange mit anderen Menschen besprechen, bis man selbst nicht mehr an deren Umsetzung glaubt
Sich selbst akzeptieren und darauf vertrauen, dass man am besten weiß, was das Richtige ist	Sich mit anderen Menschen vergleichen
Selbst aktiv werden	Darauf warten, von anderen entdeckt zu werden
Selbst entscheiden, wer und was Platz im eigenen Leben hat	Zeit haben für alles und jeden, nur nicht für sich selbst
Verantwortung für sich selbst übernehmen	Sich nach der Meinung anderer richten

Selbstbewusst Entscheidungen treffen

Eine berufliche Neuorientierung ist verbunden mit vielen großen und kleinen Entscheidungen. Mit jeder Entscheidung, die man trifft, gibt man seinem Leben eine bestimmte Richtung. Mal sind es kleine Entscheidungen mit entsprechend geringen

Folgen, mal große mit weitreichenden, langfristigen Folgen. Entsprechend leicht oder schwer fällt die jeweilige Festlegung.

Je nach Persönlichkeitsstruktur, d.h. individueller Ausprägung der Persönlichkeitsmerkmale, entscheidet man sich entweder spontan und schnell (hohe Ausprägung in der Dimension »Extraversion«), oder man benötigt einen langen Prozess, in dem jedes Für und Wider genau gegeneinander abgewogen wird (hohe Ausprägung in der Dimension »Gewissenhaftigkeit«).

Natürlich können mögliche Entscheidungen und deren Folgen mit anderen Menschen diskutiert werden, Ratschläge angenommen und überprüft werden. Aber die Entscheidung treffen letztendlich Sie. Und nur Sie sind dafür verantwortlich. Niemand kann Ihnen die Entscheidung abnehmen.

BEISPIEL

Ein 40-jähriger Mann würde gerne nach Neuseeland auswandern. Mit seiner Ausbildung, seinen beruflichen Qualifikationen und Erfahrungen erfüllt er die Bedingungen für eine Arbeitserlaubnis. Er war bereits vor Ort, hat Kontakte geknüpft und ein konkretes Jobangebot vorliegen, das ihn sehr reizt. In Gesprächen mit seinem privaten Umfeld wird er jedoch mit immer mehr Bedenken konfrontiert.

Entscheidet er sich für die Auswanderung, wird er zeigen müssen, dass die Bedenken der anderen unnötig waren, sich seine Erwartungen erfüllt haben und er erfolgreich seine eigene Zukunft in die Hand genommen hat. Entscheidet er sich gegen die Auswanderung, hat er sich für die Bedenkenträger aus seinem Umfeld und gegen seine eigene Überzeugung entschieden. Egal, wie es weitergeht: Die Verantwortung für die Entscheidung und die damit verbundenen Konsequenzen liegen allein bei ihm.

Die Beantwortung der folgenden Fragen hilft Ihnen herauszufinden, wie Sie selbst mit dieser Verantwortung umgehen. Nehmen Sie sie an oder überlassen Sie eher anderen Menschen Entscheidungen, die letztendlich Sie selbst betreffen? Die zweite Variante wäre ein Zeichen dafür, dass Sie noch an Ihrem Selbstvertrauen arbeiten müssen.

Mit Verantwortung umgehen

- Habe ich schon einmal die Verantwortung für Entscheidungen, die mich und mein Leben betrafen, abgegeben oder versucht abzugeben?

- In welcher Situation war das der Fall?

- Wie habe ich mich danach gefühlt?

- Hat mich diese Entscheidung in meinem Leben weitergebracht?

- Würde ich mit dem, was ich inzwischen über mich selbst erfahren habe, in einer ähnlichen Situation wieder so handeln?

- Finde ich in meinem Wachstumsbaum Potenziale, auf die ich in einer solchen Situation zurückgreifen könnte, um mich bewusst und mit Selbstvertrauen dieser Verantwortung stellen zu können?

Eigene Weiterentwicklung

- Wann habe ich die letzte wichtige Entscheidung für mich und meine persönliche Weiterentwicklung getroffen?

- In welcher Situation war das?

- Wie habe ich mich gefühlt, bevor ich zu einer Entscheidung kam?

- Wie habe ich mich gefühlt, nachdem ich die Entscheidung getroffen habe?

- Welche Potenziale kamen hier ins Spiel?

- Worauf basierte mein Vertrauen?

Machen Sie sich die damalige Situation bewusst und überlegen Sie, ob es Parallelen zu der anstehenden Entscheidung gibt. Auf welche Ihrer Potenziale können Sie hier bauen?

Selbstvertrauen bei Entscheidungen

- Welche für mein Leben relevanten Entscheidungen habe ich getroffen, bei denen ich mir selbst vertraut habe? Welche fallen mir spontan ein?

- Haben diese mich in meinem Leben weitergebracht?

- Welche Potenziale kamen hier ins Spiel?

- Worauf basierte das Vertrauen?

Machen Sie sich auch hier die damalige Situation bewusst und überlegen Sie, ob es Parallelen zu der anstehenden Entscheidung gibt. Auf welche Ihrer Potenziale können Sie bauen?

Erkennen Sie ein Muster? Indem Sie sich die vergangenen Situationen noch einmal in Ruhe vor Augen führen und analysieren, haben Sie die Chance, Ihre individuellen Verhaltensmuster zu erkennen. Wann übernehmen Sie ganz bewusst die Verantwortung; wann neigen Sie dazu, diese abzugeben? War dieses Verhalten für Sie in der Vergangenheit erfolgreich oder sollten Sie etwas daran ändern? Haben Sie Potenziale erkannt, auf die Sie zukünftig in ähnlichen Situationen vertrauen können?

Raus aus der Fremdbestimmtheit

Veränderungen beginnen immer bei einem selbst. Niemand hat je behauptet, dass diese einfach oder bequem wären. Es ist immer leichter, eine Entscheidung bewusst anderen zu überlassen oder sich mit seinen Entscheidungen anzupassen und nicht gegen den Strom zu schwimmen. Der Preis für diese Bequemlichkeit ist meistens ein Leben im Durchschnitt, welches in der Regel hinter den individuellen Möglichkeiten bleibt. Es bedeutet Fremdbestimmtheit in vielen Bereichen und eingeschränkte Freiheit in der Entwicklung und im Ausleben der eigenen Potenziale.

Übung: Selbstverantwortung übernehmen

Was wäre, wenn Sie Ihre Selbstverantwortung bewusst annehmen würden? Beantworten Sie dazu folgende Fragen:

- Wenn ich wirklich akzeptieren würde, dass ich voll verantwortlich für mein Leben und meine Erfolge bin, was würde ich anders machen?

- Wie würde mein Umfeld auf mich reagieren?

- Welche Ängste hindern mich, in voller Eigenverantwortung meine Ziele zu verfolgen?

- Auf welche Potenziale kann ich zurückgreifen, um diesen Ängsten entgegentreten zu können?

Selbstvertrauen

Selbstvertrauen gewinnt man dadurch, dass man genau das tut, wovor man Angst hat, und auf diese Weise eine Reihe von erfolgreichen Erfahrungen sammelt. (Dale Carnegie)

Der Startschuss

Alle Überlegungen und Pläne sind müßig, wenn man nicht konkret zur Tat schreitet und sie in die Realität umsetzt. Sie haben da diesen Wunsch (oder die Notwendigkeit), sich beruflich zu verändern. Sie haben sich damit auseinandergesetzt, welche Potenziale Sie haben und wie Sie diese gerne künftig einsetzen würden. In Ihrer Freizeit haben Sie bereits einige Ausflüge in die Welt außerhalb Ihrer Komfortzone unternommen und festgestellt, dass Sie sich auf das Ungewohnte einlassen können. Jetzt ist die Zeit gekommen, die Veränderung aktiv anzugehen.

Schaffen Sie vollendete Tatsachen, indem Sie anderen von Ihrem Vorhaben erzählen. Ist ein Plan einmal öffentlich gemacht worden, entsteht eine Art Selbstverpflichtung. Das Zurückrudern fällt dann schon schwerer. Machen Sie Ihren Start zu einem Happening. Stoßen Sie im Bekanntenkreis darauf an oder veranstalten Sie eine kleine Kick-off-Feier. Ganz egal, in welchem Rahmen Sie von Ihren Plänen berichten: Deren öffentliche Bekanntgabe markiert für Sie den »Point of no Return«. Ab diesem Moment geht es für Sie nur noch geradeaus zu Ihrem Ziel.

Die Realisation

Der Weg zu einer Veränderung kann manchmal ganz schön steinig sein. Wir selbst stehen uns des Öfteren mal im Weg. Aber auch von anderen kann Gegenwind kommen. Die Realisation des gesetzten Ziels ist daher sehr anspruchsvoll, zeitintensiv und benötigt Ihre volle Aufmerksamkeit.

Alles im Plan?

Im hektischen Alltag verlieren wir schnell mal unser Ziel aus den Augen. Vor allem dann, wenn Sie Ihre Neuorientierung neben einem festen Job vorantreiben, laufen Sie Gefahr, von der Menge an Anforderungen, die Ihr Arbeitgeber und auch Sie selbst an sich stellen, begraben zu werden. Um nicht unterzugehen, hilft Ihnen der Plan, den Sie zu Ihrem Ziel entworfen haben (siehe das Kapitel »Ziel definieren«). Pläne sind nicht für die Schublade gedacht. Sie enthalten wichtige Teiletappen auf dem Weg zum Ziel. Sie sollten Ihren Zielplan regelmäßig überprüfen, um folgende Parameter zu kontrollieren:

- Sind Sie noch auf dem richtigen Weg?
- Welche Aufgaben auf dem Weg zum Ziel sind bereits erledigt?
- Welche Aufgaben stehen noch aus? Sind Sie noch im Zeitplan?
- Gab es Ereignisse in Ihrem Leben, die eine Korrektur des Planes erforderlich machen?
- Haben sich zusätzliche Aufgaben ergeben, die Sie, um Ihr Ziel zu erreichen, noch dringend erledigen müssen?

Wenn das Ziel nicht mehr passt

Manchmal passiert es, dass sich plötzlich und unerwartet die Lebensumstände oder Rahmenbedingungen ändern. Von positiv wie Lottogewinn bis negativ wie Krankheit, hält das Leben viele Überraschungen für uns bereit. Ab und zu kann das dann dazu führen, dass das angestrebte Ziel nicht mehr relevant ist und durch ein neues ersetzt werden muss.

Aber auch die eigene, persönliche Entwicklung kann durchaus eine Korrektur des Ziels verlangen. Stellen Sie zu irgendeinem Zeitpunkt fest, dass Ihr Ziel nicht mehr genau dem entspricht, was Sie aktuell erreichen möchten, ändern Sie es. Es ist einzig und alleine Ihr persönliches Ziel. Wichtig ist, dass Sie in jeder Phase sicher sind, dass Sie genau das und nichts anderes erreichen wollen.

Suchen Sie sich Unterstützer

Gemeinsam ist vieles einfacher. Bei Veränderungen ist es hilfreich, sich Unterstützer zu suchen:

- Wenn Sie Erfahrungsaustausch und Ermutigung brauchen, halten Sie Ausschau nach Menschen, die bereits viel in der von Ihnen angestrebten Branche erreicht haben und sich nicht über das Kleinhalten oder Manipulieren anderer definieren, sondern aus sich selbst heraus. Wenn Sie sie als Mentoren gewinnen, profitieren Sie in vielfacher Hinsicht: Sie können aus deren Erfahrungen und Fehlern lernen. Sie öffnen vielleicht Türen für Sie, die anderen verschlossen bleiben. Sie stellen auch durchaus unbequeme Fragen, um immer wieder zu testen, ob die Ernsthaftigkeit und Stärke zur Zielerreichung bei Ihnen gegeben sind. Achten Sie jedoch darauf, dass Sie sich Mentoren suchen, die Ihre Wertvorstellungen teilen, da es sonst zu Konflikten kommen kann.

- Benötigen Sie finanzielle Unterstützung, einen Investor oder Sponsor, müssen Sie mit sachlichen Fakten, gegebenenfalls mit bereits erzielten Erfolgen und mit Ihrer persönlichen Begeisterung überzeugen. Gehen Sie nie unvorbereitet in solche Gespräche oder Verhandlungen.

- Vor allem in Familien mit kleinen Kindern stellt ein beruflicher Neustart das gesamte Familienmanagement auf den Kopf. Sind beide Partner mit dem Basteln an ihrer beruflichen Karriere beschäftigt, braucht es eine gute Organisation und meist auch externe Unterstützung. Holen Sie sich diese von Anfang an, da Sie sonst den Kopf nicht frei haben für die neue berufliche Herausforderung. Schaffen Sie sich gezielt und organisiert die Freiräume, die Sie brauchen, so z. B. für eine Weiterbildung.

Wie Sie andere mit Sachargumenten gewinnen

Spätestens, wenn Sie finanzielle Hilfe benötigen, um Ihr Ziel zu erreichen, sollten Sie eine übersichtliche, sachlich fundierte Aufstellung ausarbeiten, so z. B. einen Businessplan und einen Finanzplan, wenn Sie sich selbstständig machen. Je genauer und ausführlicher diese Übersichten von Ihnen erstellt werden und je genauer daraus auch ersichtlich wird, warum Sie dieses Ziel erreichen wollen und werden, umso eher können Sie andere überzeugen.

Wer seinen Vorgesetzten in einem Entwicklungsgespräch davon überzeugen will, neue Aufgaben übertragen zu bekommen, sollte die richtigen Argumente dafür parat haben. Wer seinem Chef mit »Selbstverwirklichung«, »persönliche Herausforderung« und ähnlichen Gründen beeindrucken will, die nur dem persönlichen Fortkommen dienen, nicht aber dem Unternehmen, wird keine Unterstützung von ihm bekommen.

Überlegen Sie sich daher, wie sich Ihr berufliches Ziel positiv auf Ihren Arbeitgeber auswirken kann. Ist es vielleicht Ihre höhere Motivation, die Sie in der neuen Position produktiver und besser arbeiten lässt? Sind es eventuell die Aufgaben, die bisher von niemandem so richtig gelöst werden können, und die Sie dank der geplanten Weiterbildung bald optimal erledigen können? Sammeln Sie solche Argumente für das Gespräch. Die Mühe lohnt sich.

Mit Erfolgen punkten

Selbstverständlich können Sie auch durch bereits erzielte Erfolge überzeugen. Das können zum einen Erfolge aus Ihrer Vergangenheit sein, die Sie für die jetzt vor Ihnen liegende Aufgabe qualifizieren, oder auch Teilerfolge, die Sie bereits auf dem Weg zu Ihrem Ziel erreicht haben.

Begeisterung auf andere übertragen

Neben den harten Fakten, die für Sie sprechen, spielt vor allen Dingen auch Ihre Einstellung eine entscheidende Rolle. Am überzeugendsten wirken Sie auf andere, wenn Sie von Ihrer eigenen Idee selbst durch und durch überzeugt und begeistert sind. Nur echte Begeisterung kann auch bei anderen Begeisterung auslösen. Der Funke springt also nur über, wenn man selbst für sein Ziel brennt.

> Punkten Sie mit Ihrer Einzigartigkeit: Wer, wenn nicht Sie, auf den das Ziel ja absolut passend zugeschnitten ist, könnte es je erreichen?

Meiden Sie Energieräuber

Alles, was um Sie herum geschieht und existiert, beeinflusst Sie in irgendeiner Art und Weise: Menschen, Bücher, Filme, Nachrichten, Bilder, Räumlichkeiten, die Natur usw. Einiges hat mehr Einfluss auf Sie, einiges weniger. Natürlich können Sie Ihre Umwelt nicht komplett nach Ihren Vorlieben gestalten. Stellen Sie jedoch fest, dass es Dinge oder auch Menschen gibt, die eine negative Wirkung auf Sie haben, sollten Sie versuchen, diese entweder aus Ihrem Leben zu verbannen, oder ihnen nur wenig Raum zu geben und möglichst wenig Aufmerksamkeit zu schenken.

Vor allem mit den sog. Energieräubern sollten Sie so verfahren. Das sind diejenigen Dinge, Tätigkeiten oder auch Menschen, die Ihre Energieressourcen binden oder Ihnen Energie entziehen, von denen Sie jedoch nicht profitieren oder aus denen Sie keinen Mehrwert ziehen können oder die Ihnen schlicht nicht wichtig sind. Energie ist in der Phase der Neuorientierung besonders wichtig. Sie brauchen jede Energiereserve, um Ihr Ziel zu erreichen. Eine Verschwendung dieser Ressourcen können Sie sich also nicht leisten.

BEISPIEL

Sie haben einen Kollegen, der immer dann auftaucht, wenn Sie sich einen Kaffee in der Büroküche holen. Kommen Sie auf Pläne und Ideen zu sprechen, wird es schwierig: Der Kollege ist ein echter Bedenkenträger und macht durch seine Einwände die beste Idee zunichte. »Das geht nicht, weil ...«, scheint seine Lieblingsformulierung zu sein. Meiden Sie diese Gespräche fortan und leiten Sie zu unverfänglicheren Themen über.

In Ihrem Weiterbildungskurs sitzen Sie neben einem Mann, der augenscheinlich keine Lust auf seine Weiterqualifizierung hat. Statt sich auf den Kursleiter oder die Übungen zu fokussieren, redet er lieber mit Ihnen über seine Probleme im Job. Bisher waren Sie zu höflich, ihn darauf hinzuweisen, dass Sie sich gerne auf die Kursinhalte konzentrieren würden. Nehmen Sie ihn in der Pause zur Seite, schildern Sie ihm Ihre Interessenlage und bitten Sie klar und deutlich darum, Sie fortan nicht mehr zu stören. Wird es danach nicht anders, setzen Sie sich einfach an einen anderen Platz.

Fokussieren Sie sich auf positive Dinge. Räumen Sie Menschen, die Sie in negative Stimmung bringen, Pessimismus verbreiten und Selbstzweifel in Ihnen säen oder die Sie mit ihren Belangen von Ihrem eigenen Ziel abhalten, ab sofort keine Zeit mehr ein. In letzter Konsequenz kann das natürlich auch die Trennung von Freunden und Bekannten bedeuten (siehe hierzu auch das Kapitel »Widerstände aus dem eigenen Umfeld«).

Richten Sie Ihren Fokus auf das Positive, Bereichernde und Inspirierende im Leben. Lassen Sie Energieräuber nicht mehr an sich heran. Nehmen Sie sich fest vor, stattdessen Dingen (z. B.

Büchern), Tätigkeiten und Menschen, die Ihre Inspiration und Kreativität fördern, mehr Zeit einzuräumen. So werden Sie zu Ihrem eigenen Unterstützer.

Übung: Für gute Stimmung sorgen

Nehmen Sie sich fest vor, jeden Tag mindestens eine halbe Stunde mit Menschen, Tätigkeiten oder Dingen zu verbringen, die Ihnen guttun. Wählen Sie all das, was Sie beeinflussen darf, sorgfältig aus:

- Wer oder was gibt mir Kraft und Energie?
- Wer oder was inspiriert mich auf meinem Weg zum Ziel?
- Wer oder was hinterlässt bei mir eine gute Stimmung?
- Wer oder was bringt mich in kreative Aufbruchstimmung?
- Von wem kann ich Dinge lernen, die auf meinem Weg zum Ziel wichtig sind?

Setzen Sie klare Grenzen

Viele Menschen, insbesondere diejenigen, deren Persönlichkeitsdimension »Verträglichkeit« besonders ausgeprägt ist, blockieren sich in ihren eigenen Zielen dadurch, dass sie anderen keine oder zu offene Grenzen setzen. Sie sind nicht in der Lage, durch ein klar formuliertes »Nein« ihrer Verantwortung sich selbst gegenüber gerecht zu werden.

BEISPIEL

Sie haben mal wieder Aufgaben für eine gute Freundin übernommen, obwohl Sie deswegen auf einen ehrenamtlichen Einsatz verzichten mussten, bei dem Sie testen wollten, wie Ihnen der Umgang mit Obdachlosen liegt.

Es wird immer jemanden aus Ihrem Freundes-/Bekannten-/Kollegenkreis oder der eigenen Familie geben, der die Phase Ihrer Neuorientierung, insbesondere dann, wenn Sie in der Zeit nicht angestellt sind, als »Freizeit« ansieht und immer wieder mit der Bitte um die eine oder andere Erledigung auf Sie zukommen wird. Für Ihre Zukunft ist diese Phase jedoch ungemein wichtig. Sie sollten währenddessen Ihre ganze Konzentration und Zeit auf Ihr Ziel verwenden. Nehmen Sie sich selbst wichtig und lassen Sie keine Ablenkung zu. Das gilt vor allem dann, wenn es Ihr Umfeld nicht gewohnt ist, von Ihnen Grenzen aufgezeigt zu bekommen.

Neinsagen lernen

In wie vielen Situationen haben Sie in Ihrem Leben Ja zu etwas gesagt, obwohl Ihnen ein Nein viel lieber gewesen wäre? Passiert Ihnen das häufig oder eher selten? Wenn Sie beruflich neu starten und ein klares Ziel vor Augen haben, werden Sie sich oft abgrenzen müssen. Da hilft es, nett, aber bestimmt, klar und ohne schlechtes Gewissen Nein sagen zu können, ohne dabei die Beziehung zum anderen aufs Spiel zu setzen. Am besten gelingt das, wenn Sie Ihr Nein begründen, so dass es für den anderen nachvollziehbar ist.

BEISPIEL

Ihr Chef legt Ihnen noch kurz vor Feierabend einen »enorm dringenden« Vorgang auf den Tisch, obwohl Sie gerade zur Weiterbildung wollten? Machen Sie ihm ruhig und sachlich die Nachteile klar, die das für Sie hat: »Herr Schulz, heute geht es nicht. Wie Sie wissen, besuche ich derzeit eine Weiterbildungsveranstaltung. Sie ist sehr wichtig und ich kann es mir nicht leisten, dort zu fehlen. Gleich morgen früh kann ich die Aufgabe übernehmen.«

Ihr Partner lädt Sie zu einem spontanen Kurztrip ein, Sie müssen aber noch eine wichtige Kundenpräsentation vorbereiten und haben keine Zeit für die Reise? Sagen Sie Nein und begründen Sie Ihre Entscheidung, so dass Sie für Ihren Partner nachvollziehbar ist: »Oh wie schön! Vielen Dank! Doch leider kann ich das Geschenk gerade nicht annehmen. Ich habe übermorgen ein wichtiges Akquisegespräch, von dem viel für mich und für uns abhängt. Sehr gerne fahre ich nächstes Wochenende mit.«

Gönnen Sie sich Pausen

Nach Phasen der Anspannung brauchen Körper und Geist auch wieder eine Phase der Entspannung. Vor allem diejenigen, die wegen ihres Neustarts parallel zu ihrem alten Job noch eine Weiterbildung machen oder fleißig nach Feierabend an ihrer Selbstständigkeit arbeiten, laufen Gefahr, in ein Hamsterrad zu geraten, das sich sehr schnell und fast ohne Unterlass dreht. Auszeiten sind bei einer solchen Doppelbelastung besonders wichtig. Planen Sie sie fest in einem regelmäßigen Rhythmus ein und halten Sie sich streng an die eingeplanten Zeiten.

Wie Sie Ihre Auszeiten gestalten, hängt von Ihren Vorlieben ab. Lassen Sie sich dabei von folgenden Aspekten leiten:

- Was tut Ihnen besonders gut?
- Bei welchen Aktivitäten bekommen Sie Ihren Kopf sofort frei?
- Wobei können Sie am besten entspannen?
- Was füllt Ihren Energiespeicher wieder rasch auf?

Für die einen kann das Fahrradfahren, Volleyball oder Yoga sein, für die anderen reicht es schon, es sich mit einem Buch auf dem Sofa bequem zu machen. Wieder andere brauchen Adrenalinkicks, um nach großem Stress wieder zu regenerieren.

Auf einen Blick: Schritt für Schritt zum neuen Job

- Wer etwas in seinem Leben verändern will, muss seine Komfortzone verlassen, also das Vertraute hinter sich lassen und ins Unbekannte aufbrechen.
- Wir alle tragen – oft seit unserer Kindheit – Überzeugungen mit uns herum, die uns in die falsche Richtung führen oder uns hemmen, das zu tun, was wir tun sollten. Sie zu identifizieren, ist der erste Schritt, sie unschädlich zu machen.
- Selbstvertrauen ist eine wichtige Voraussetzung dafür, in eine neue berufliche Zukunft zu starten. Keine Sorge, wenn es gering ist: Es lässt sich trainieren.
- Auf dem Weg zu Ihrem neuen Job werden Sie vielen Menschen begegnen. Suchen Sie die Nähe zu denjenigen, die Sie bei Ihrem Vorhaben unterstützen und konstruktive Kritik üben. Meiden Sie Energieräuber und setzen Sie denjenigen klare Grenzen, die Sie auf Ihrem Weg behindern.

Durchhaltestrategien

Eine neue berufliche Herausforderung kann ganz schön aufregend sein. Wie in einer Achterbahn gibt es Höhen und Tiefen und manchmal auch scheinbar den Fall ins Bodenlose. Um hier nicht die Orientierung und den Mut zu verlieren, braucht es Durchhaltestrategien.

In diesem Kapitel erfahren Sie u. a.,

- wie Sie Widerständen begegnen,
- wie wichtig es ist, Erfolgsbewusstsein zu entwickeln,
- wie Sie am besten mit Rückschlägen, Misserfolgen und Fehlern umgehen,
- warum der Blick zurück so wichtig ist.

Widerstände aus dem eigenen Umfeld überwinden

Oft schlägt uns in Situationen, in denen man Veränderungen anstrebt und sich weiterentwickeln will, Widerstand aus einer ganz unerwarteten Richtung entgegen: aus dem eigenen Umfeld, von Bekannten, Freunden und sogar von Familienangehörigen. Diese Widerstände sind häufig sehr subtil und erst auf den zweiten Blick erkennbar. Vordergründig kommen sie daher als

- gute Ratschläge,
- freundschaftliche Empfehlungen,
- Sensibilisierungen für das Risiko,
- Appelle an die »Vernunft«.

Zum Teil resultieren die Widerstände aus Verlustängsten Ihrer Freunde, Verwandten, Eltern usw., die befürchten, dass Sie durch die anstehenden Veränderungen zukünftig weniger Kontakt, weniger Nähe, weniger Austausch haben werden. Teilweise steckt auch die Angst vor dem eigenen Zurückbleiben dahinter. Da wird erkannt, dass sich jemand aus dem eigenen Umfeld aus der Komfortzone heraus begeben hat, sich den Gefahren und dem Ungewissen »dort draußen« stellt und damit eventuell auch noch einen Erfolg hat, den man selbst zu gerne hätte – wenn da nicht diese Angst wäre, sich selbst dorthin zu bewegen. Also wird versucht, den unangenehmen Gefühlen, die das nach sich zieht, zu begegnen – und zwar, indem man nach Möglichkeiten sucht, den anderen von seinem Vorhaben abzubringen.

BEISPIEL

Werden Krebse gefangen, kann man sie recht einfach in einem offenen Eimer festhalten, obwohl sie sich durch Herauskrabbeln selbst daraus befreien könnten. Sobald ein Krebs versucht, aus dem Eimer zu klettern, halten die anderen ihn mit ihren Scheren fest. Ganz ähnlich reagieren Menschen sowohl privat als auch beruflich, wenn ein anderer aus dem gemeinsamen »Eimer« ausbrechen will.

Halte dich fern von jenen, die deine Lebensträume schlechtmachen. Kleine Leute tun das andauernd. Wirklich große Menschen jedoch sorgen dafür, dass du ebenfalls groß werden kannst. (Mark Twain)

Widerstände von anderen sind zwar unangenehm, sie haben aber auch etwas Gutes. Sie sind ein idealer Anlass zu prüfen, ob Sie (noch) mit der nötigen Stärke und dem gebotenen Elan Ihr Ziel verfolgen. Halten Sie weiterhin Ihr Ziel im Fokus und gehen Sie Ihren Weg. Geben Sie niemandem die Autorität, besser als Sie selbst beurteilen zu können, was für Sie richtig ist. Sie wissen schließlich genau, warum Sie Ihr Ziel anstreben: Es basiert auf Ihren individuellen Potenzialen, die Sie voll entfalten können, wenn Sie es erreichen.

Natürlich will man niemandem, der einem wichtig ist, mit der eigenen Beharrlichkeit vor den Kopf stoßen, vor allem nicht den Partner oder die Eltern. Zudem ist vor allem in Umbruchphasen ein stabiles, harmonisches Privatleben Gold wert, weil es einen Ruhepol bildet.

Die Warum-Methode

Versuchen andere, in Ihnen Zweifel zu säen, kann ein klärendes Gespräch helfen, die Widerstände gemeinsam und konstruktiv aus dem Weg zu räumen. Für dieses bietet sich die Warum-Methode an. Sie wird in Unternehmen zur Problemlösung eingesetzt, funktioniert aber auch hervorragend im Privatleben. Sie ist so simpel wie wirkungsvoll. Stellen Sie einfach fünfmal hintereinander eine Warum-Frage. So kommen Sie der wahren Ursache des Widerstands garantiert auf die Schliche. Greifen Sie in der ersten Frage den Einwand des anderen auf.

Ein Beispiel:

- Ihr Partner sagt: »Weißt du was? Ich glaube ja nicht, dass das mit deiner Selbstständigkeit klappt.«

  Sie fragen: »Warum glaubst du, dass es nicht klappt mit meiner Selbstständigkeit?« (1. Warum-Frage)

- Der andere: »Weil ich der Meinung bin, dass du dir zu viel vorgenommen hast damit.«

  Sie: »Warum bist du der Meinung, dass ich mir zu viel vorgenommen habe?« (2. Warum-Frage)

- Der andere: »Ich finde, dass du nur noch arbeitest und gar keine Zeit mehr für mich und die Kinder hast.«

Sie: »Warum denkst du, dass du ich nur noch arbeite?« (3. Warum-Frage)

- Der andere: »Weil du nur noch im Büro bist und nicht mehr bei uns – auch an den Wochenenden bist du nicht für uns da.«

Sie sehen: In diesem Beispiel braucht es noch nicht einmal fünf Fragen, um den Grund für das Problem des Partners herauszufinden: Er denkt nicht etwa, dass der andere es nicht schafft, das Unternehmen zum Erfolg zu führen. Ihm fehlt vielmehr die gemeinsame Zeit in der Familie. Haben Sie auf diese Weise das Kernproblem herausgefunden, können Sie gemeinsam daran arbeiten, es zu lösen.

Erfolgsbewusstsein entwickeln

Auf Ihrem Weg zum Ziel werden Sie viele kleinere und größere Etappen-/Teilerfolge erleben. Es ist wichtig, dass Sie diese bewusst wahrnehmen und wertschätzen. Wer es zulässt, stolz auf seine eigenen Leistungen zu sein, steigert sein Selbstwertgefühl. Stolz auf sich selbst zu sein, ist in unserer Gesellschaft, die gute Leistungen als selbstverständlich erachtet, gar nicht so einfach. Viele von uns sind daher auch Profis darin, sich nur auf die Dinge zu konzentrieren, die nicht gut gelaufen oder noch optimierungsbedürftig sind. Das ist denkbar schlecht für unseren Selbstwert. Sehen wir nur unsere Niederlagen, aber nicht unsere Siege, tendiert unser Selbstwertgefühl irgendwann gegen null. Und das führt fatalerweise in eine Abwärtsspirale:

- Wenn wir einen geringen Selbstwert haben, schreiben wir all das Positive, das uns widerfährt, den äußeren Umständen oder anderen zu. Passiert etwas Negatives, fühlen wir uns selbst dafür verantwortlich, was wiederum schlechten Einfluss auf den Selbstwert hat. Dieser sinkt dann noch weiter.

- Bei Menschen mit positivem Selbstwert ist es genau anders herum. Sie rechnen sich Erfolge ganz selbstverständlich als eigenen Verdienst an. Für Niederlagen machen sie andere verantwortlich. Die Folge: Ihr Selbstwert steigt noch weiter.

Sie sehen daran: Welches Selbstwertgefühl wir haben, ist nicht davon abhängig, ob wir tatsächlich erfolgreich sind oder nicht. Es ist eher eine Folge unserer Wahrnehmung. Die gute Nachricht: Erfolgsbewusstsein kann man lernen und so seinen Selbstwert (wieder) Stück für Stück aufbauen (siehe hierzu auch die folgenden Übungen).

Lob annehmen

Ein weiteres Phänomen unserer Leistungsgesellschaft ist es, dass viele mit Lob nur schwer umgehen können und es kleinreden – vor sich selbst und auch vor anderen. Dabei ist es doch wunderbar, wenn wir positives Feedback zu unserer Leistung oder Person von anderen bekommen. Ehrlich gemeintes Lob von anderen heißt nichts anderes, als dass sie uns und unsere Leistung wertschätzen. Es ist ein Indikator dafür, dass wir auf dem richtigen Weg sind. Was könnte uns Besseres passieren – vor allem bei einem beruflichen Neustart!

In welchen Situationen haben Sie sich für eine gute Leistung regelrecht bei anderen entschuldigt und so Ihre Leistung heruntergespielt? Listen Sie solche Situationen in einer ruhigen Minute auf.

BEISPIEL

Marlene Müller wird von ihrem Vorgesetzten gelobt, weil sie durch schnelles und kreatives Handeln einen Problemfall in einen positiven Präzedenzfall verwandeln konnte. Sie kommentiert das Lob mit den Worten: »Ach, das lag doch auf der Hand. Das hätten die Kollegen doch auch nicht anders gelöst!«

Probieren Sie beim nächsten Lob einmal Folgendes aus:

- Sagen Sie einfach: »Danke, das freut mich!«, und lächeln Sie.

- Rechtfertigen Sie sich nicht.

- Spielen Sie das Lob nicht zurück an den anderen, z. B., indem Sie sagen: »Wenn Sie nicht gewesen wären, dann hätte ich das nicht geschafft.«

- Reden Sie Ihren Erfolg nicht klein.

- Entschuldigen Sie sich nicht, dass es so gut gelaufen ist.

BEISPIEL

In der nächsten Situation, in der Frau Müller gelobt wird, kommentiert sie dies so: »Vielen Dank, das freut mich! Dabei kam mir meine Erfahrung aus dem Aufenthalt in China zugute.«

Das Erfolgstagebuch

Kaufen Sie sich ein hochwertiges gebundenes Büchlein mit leeren Seiten. Nehmen Sie sich vor dem Einschlafen 5 bis 10 Minuten Zeit, darin alle Ihre Erfolge des Tages zu notieren. Halten Sie wirklich alle Erfolge fest, und wenn sie auch noch so klein sind. Schreiben Sie all das nieder, was Ihnen heute gelungen ist, was Sie besser oder besonders gut gemacht haben, was Sie sich erstmals getraut haben etc. Vielleicht haben Sie auch jemand anderem geholfen oder ihn glücklich gemacht. Notieren Sie auch das.

Übergehen Sie alles, was nicht ganz so positiv war, es sei denn, Sie können daraus lernen – was ja auch ein Erfolg ist.

Am Anfang ist es für die meisten sehr ungewohnt und daher schwierig, sich so positiv zu sehen. Je regelmäßiger Sie sich jedoch Ihrem Erfolgstagebuch widmen, desto leichter wird es Ihnen fallen, weil Sie sich Schritt für Schritt positiver wahrnehmen.

An Rückschlägen und Misserfolgen wachsen

Überall dort, wo Veränderungen anstehen, Ziele verfolgt und Träume realisiert werden, bleiben Misserfolge und Rückschläge nicht aus. Trotz guter Planung ist niemand vor solchen negativen Erfahrungen gefeit. Wichtig ist nur, sich dadurch nicht entmutigen zu lassen. Nicht jeder findet das erhoffte Glück oder den Erfolg. Aber wer es nicht wenigstens versucht, wird ewig seinen Träumen hinterhertrauern und unzufrieden sein.

Nehmen Sie Misserfolge und Rückschläge zur Kenntnis. Es sind Stolpersteine auf Ihrem Weg zum Ziel. Sie haben erst dann verloren, wenn Sie Ihr Ziel wegen dieser Hürden aus den Augen verlieren! Finden Sie daher Wege, diese Stolpersteine zu umgehen. Richten Sie Ihr Augenmerk weiterhin auf Ihr Ziel und vertrauen Sie auf sich und Ihre Potenziale – auch wenn Sie sich schon Blessuren geholt haben.

Vorbilder – andere haben es auch geschafft

Die Geschichte ist voll von Menschen, die mit ihren Träumen, Visionen und dem unerschütterlichen Glauben an sich selbst das scheinbar Unmögliche realisiert haben – allen Widerständen zum Trotz.

BEISPIEL

> Thomas Alva Edison ging als Erfinder der Glühlampe in die Geschichte ein. Bis zu diesem Erfolg wurde sein Selbstvertrauen auf viele harte Proben gestellt: Rund 2.000 Versuche brauchte Edison, bis er den Kohlefaden in einer Lampe zum Leuchten bringen konnte. Er ließ sich davon allerdings wenig beeindrucken. Angeblich kommentierte er seine Fehlversuche so: »Ein Misserfolg war es nicht. Denn wenigstens kennt man jetzt 2.000 Arten, wie ein Kohlefaden nicht zum Leuchten gebracht werden kann.«

Übung: Positiv umgehen mit Rückschlägen

Stellen Sie sich eine Liste solcher Erfolgsgeschichten zusammen. Welche Menschen fallen Ihnen noch ein, die mit ihren Träumen, Visionen und dem unerschütterlichen Glauben an sich selbst ihren ganz eigenen Weg gegangen sind? Es sind nicht immer nur diejenigen, die in aller Welt bekannt sind. Manchmal sind es auch Menschen aus dem eigenen Umfeld, die etwas vollbracht haben, was ehemals unmöglich erschien. Vielleicht kennen Sie jemanden, der als extrem schlechter Schüler mit miesem Abschluss ein sehr erfolgreicher Unternehmer wurde, jemanden, der sich den Lebenstraum einer Weltumsegelung erfüllte oder der durch einen Umzug in eine andere Gegend den Traumjob annehmen konnte. Beispiele für solche Erfolgsgeschichten gibt es genug.

Wann immer Ihnen ein Stolperstein im Weg ist, holen Sie diese Liste hervor und rufen Sie sich so Ihre Vorbilder in Erinnerung. Die haben es geschafft – trotz aller Schwierigkeiten. Ist Ihr aktueller Stolperstein wirklich so groß, dass es keinen Weg darüber hinweg, keinen daran vorbei gibt? Suchen Sie einen Umweg und fokussieren Sie sich dann erneut auf Ihr Ziel.

Aus Fehlern lernen

Wenn wir Fehler machen, haben wir ein schlechtes Gefühl. Dabei haben sie auch durchaus etwas Gutes: Man kann hervorragend aus ihnen lernen. Es ist nur eine Frage, wie man mit ihnen umgeht:

- Wer Fehler ignoriert, sie kleinredet oder sie anderen in die Schuhe schiebt, wird immer wieder die gleichen Fehler machen.

- Wer Fehler dagegen als Chance sieht, daraus zu lernen, verbessert sich kontinuierlich.

So lernen Sie aus Fehlern
Fragen Sie: »Was hat zum Fehler geführt?«, nicht: »Wer ist für den Fehler verantwortlich?«
Analysieren Sie die Ursachen, die zu dem Fehler geführt haben (eine gute Technik dafür ist die Warum-Methode, siehe dazu das Kapitel »Widerstände aus dem eigenen Umfeld überwinden«).
Entwickeln Sie Lösungsstrategien, damit der Fehler nicht wieder passiert, bzw. suchen Sie sich Hilfe bei Experten.

Immer mal wieder: der Blick zurück

Das Leben geht weiter – genau wie Ihre persönliche Entwicklung. Sie machen immer neue Erfahrungen, erreichen kleinere und größere Ziele und freuen sich über Ihre Erfolge. Sie lernen, mit Rückschlägen und Misserfolgen umzugehen, und können auch daraus wieder neue Erkenntnisse ziehen, um sie dann für zukünftige Unternehmungen einzusetzen.

Halten Sie hin und wieder inne, nehmen Sie sich Ihren Wachstumsbaum zur Hand und ergänzen Sie die neuen Erfolge in dessen Krone. Sicherlich können Sie auch in seine Wurzel immer wieder neue Potenziale eintragen, so vor allem hinzugewonnene Kenntnisse, Fähigkeiten und Kompetenzen.

Wenn Sie einmal den Schritt heraus aus Ihrer Komfortzone gemacht haben und den erstrebten Erfolg hatten, kann es sein, dass Sie sich wieder in der inzwischen vergrößerten Komfortzone einrichten und Ihre persönliche Entwicklung erst einmal stagniert. Vielleicht werden Sie aber irgendwann wieder mit einem Bereich in Ihrem Leben unzufrieden sein. Sie fangen dann erneut mit der Analyse Ihrer Lebenssituation an, stellen fest, dass Sie Veränderungsbedarf haben etc.

Vielleicht entscheiden Sie sich aber auch, Ihr Leben ab sofort sehr bewusst zu gestalten. Beobachten Sie sich, Ihre Emotionen, Ihre Wünsche und Ihre jeweils aktuelle Situation sehr genau und sorgen Sie mit eigenverantwortlichen Entscheidungen und selbstbewussten Handlungen dafür, dass Sie immer ein lohnenswertes Ziel vor Augen haben, sich ständig weiterentwickeln, Erfolge für sich verbuchen können und so Ihre Zufriedenheit steigern.

Die nachfolgende Checkliste können Sie immer wieder einsetzen, um zu reflektieren, ob Sie bewusst und unter aktiver Nutzung Ihrer individuellen Potenziale leben.

Checkliste: Bewusst leben

Stelle ich bei dem, was ich tue, meine einzigartigen Potenziale heraus? Nutze ich sie aktiv?	
Stimmt das, was ich tue, mit meinem individuellen Wertesystem überein?	
Bin ich von dem, was ich tue, begeistert?	
Bewege ich mich in einem Umfeld, in dem ich meine Potenziale nutzen und weiterentwickeln kann?	

Wenn Sie auch nur eine Frage eher mit einem »Nein« beantworten, sollten Sie über Veränderungen nachdenken.

> Wer ständig glücklich sein möchte, muss sich oft verändern. (Konfuzius)

Sollten Sie durch äußere Umstände zu Veränderungen gezwungen werden, wird es Ihnen weitaus leichter fallen, mit einer solchen Situation fertig zu werden, wenn Sie vorher schon Ihr Leben bewusst gestaltet haben. Sie haben dann bereits Erfahrung mit dem Verlassen der Komfortzone gemacht, wenn auch auf freiwilliger Basis. Aber da Sie sich bereits Ihrer Potenziale bewusst sind, Selbstachtung haben und bereit sind, Verantwortung für Ihr Leben zu übernehmen, gehören Sie dann mit großer Wahrscheinlichkeit zu den Menschen, die in einer Krise ihre Chance zur Veränderung und Entwicklung sehen und sie entsprechend nutzen.

Auf einen Blick: Durchhaltestrategien

- Widerstände können aus allen Richtungen kommen – auch aus dem eigenen Umfeld. Oft steht dahinter die Angst vor der Veränderung.

- Viele Menschen neigen dazu, nur das Negative wahrzunehmen. Dabei steckt in den meisten Dingen, die uns widerfahren, immer auch eine große oder kleine Portion Positives. Konzentrieren Sie sich darauf – eine positive Sicht auf die Dinge hilft Ihnen dabei durchzuhalten.

- Begreifen Sie Rückschläge, Misserfolge und Fehler als Chancen, daraus zu lernen und sich weiterzuentwickeln.

- Damit Sie sich weiterentwickeln und in eine erfolgreiche berufliche Zukunft gehen können, ist immer auch der Blick zurück notwendig: Was haben Sie erreicht? Welche Potenziale sind neu hinzugekommen? Aus welchen Erfahrungen können Sie etwas für Ihre künftige Karriere ziehen?

Stichwortverzeichnis

Impressum

Bibliografische Information der Deutschen Nationalbibliothek
Die Deutsche Nationalbibliothek verzeichnet diese Publikation in der Deutschen
Nationalbibliografie; detaillierte bibliografische Daten sind im Internet über
http://www.dnb.dnb.de abrufbar.

Print:	ISBN: 978-3-648-09389-4	Bestell-Nr.: 10738-0001
ePub:	ISBN: 978-3-648-09393-1	Bestell-Nr.: 10738-0100
ePDF:	ISBN: 978-3-648-09390-0	Bestell-Nr.: 10738-0150

Birgit Gosejacob
Neuorientierung im Beruf – Veränderungen aktiv angehen
1. Auflage 2017, Freiburg

© 2017, Haufe-Lexware GmbH & Co. KG, Munzinger Straße 9, 79111 Freiburg
Redaktionsanschrift: Fraunhoferstraße 5, 82152 Planegg/München
Internet: www.haufe.de
E-Mail: online@haufe.de
Redaktion: Jürgen Fischer

Konzeption, Realisation und Lektorat: Nicole Jähnichen, www.textundwerk.de
Illustrationen Innenteil: Dagmar Gosejacob, www.auge-an-hirn.de
Umschlaggestaltung: Grafikhaus, München
Umschlagentwurf: RED GmbH, Krailling
Umschlag innen: Nadine Roßa, sketchnote-love.com
Satz: Reemers Publishing Services GmbH, Krefeld
Druck: Beltz Bad Langensalza GmbH, Bad Langensalza